EUL VERLAG

Schriften zu Familienunternehmen

Herausgegeben vom Wittener Institut für Familienunternehmen

Band 1
Arist von Schlippe, Tom Rüsen und Torsten Groth (Hrsg.)
Beiträge zur Theorie des Familienunternehmens
Lohmar – Köln 2009 • 304 S. • € 59,- (D) • ISBN 978-3-89936-823-9

Band 2
Tom A. Rüsen, Arist von Schlippe und Torsten Groth (Hrsg.)
Familienunternehmen – Exploration einer Unternehmensform
Lohmar – Köln 2009 • 324 S. • € 62,- (D) • ISBN 978-3-89936-850-5

Band 3
Felix Georg Fabis
Konflikte im Familienunternehmen – Instrumente zur Vermeidung und Lösung
Lohmar – Köln 2009 • 132 S. • € 43,- (D) • ISBN 978-3-89936-868-0

Band 4
Florian Berthold
Familienunternehmen im Spannungsfeld zwischen Wachstum und Finanzierung
Lohmar – Köln 2010 • 332 S. • € 54,- (D) • ISBN 978-3-89936-895-6

Band 5
Christopher D. Iliou
Corporate Governance und mittelständische Familienunternehmen – Ein nur scheinbarer Widerspruch
Lohmar – Köln 2010 • 108 S. • € 42,- (D) • ISBN 978-3-89936-910-6

Band 6
Tilman Hepperle
Stiftungen als Instrumente zur Lösung von Schnittstellenkonflikten in Familienunternehmen – Eine empirische Untersuchung
Lohmar – Köln 2011 • 140 S. • € 43,- (D) • ISBN 978-3-8441-0061-7

JOSEF EUL VERLAG

Schriften zu Familienunternehmen · Band 6

Herausgegeben vom Wittener Institut für Familienunternehmen

Tilman Hepperle

Stiftungen als Instrumente zur Lösung von Schnittstellenkonflikten in Familienunternehmen

Eine empirische Untersuchung

EUL VERLAG

Bibliografische Information der Deutschen Nationalbibliothek

Die Deutsche Nationalbibliothek verzeichnet diese Publikation in der Deutschen Nationalbibliografie; detaillierte bibliografische Daten sind im Internet über <http://dnb.d-nb.de> abrufbar.

ISBN 978-3-8441-0061-7
1. Auflage Juli 2011

Coverbild: Hagit Berkovich/Shutterstock.com

JOSEF EUL VERLAG GmbH
Brandsberg 6
53797 Lohmar
Tel.: 0 22 05 / 90 10 6-6
Fax: 0 22 05 / 90 10 6-88
E-Mail: info@eul-verlag.de
http://www.eul-verlag.de

Bei der Herstellung unserer Bücher möchten wir die Umwelt schonen. Dieses Buch ist daher auf säurefreiem, 100% chlorfrei gebleichtem, alterungsbeständigem Papier nach DIN 6738 gedruckt.

Meinen Eltern

Vorwort

An erster Stelle möchte ich mich bei Herrn Prof. Dr. Arist von Schlippe und Herrn Prof. Rainer Kirchdörfer für die ausgezeichnete Betreuung und Unterstützung sowie die stets konstruktive Kritik bei der Erstellung dieser Arbeit bedanken.

Des Weiteren möchte ich meinen sechs Interviewpartnern danken, die sich viel Zeit für die Interviews nahmen und es mir durch ihre Offenheit ermöglichten, die theoretischen Erkenntnisse aus Sicht der Praxis zu reflektieren.

Ein besonders herzlicher Dank gilt meinen Eltern, die mich auf meinem Weg immer vorbehaltlos unterstützt haben, sowie meinem Bruder Tobias.

Im Mai 2011
Tilman Hepperle

Das Wittener Institut für Familienunternehmen

Das Wittener Institut für Familienunternehmen (WIFU) ist in Deutschland der Pionier und Wegweiser akademischer Forschung und Lehre zu Besonderheiten von Familienunternehmen. Bereits bei der Institutsgründung 1998 wurde das Fundament der konsequent interdisziplinären Ausrichtung des WIFU gelegt: drei Lehrstühle – Betriebswirtschaftslehre, Psychologie/Soziologie und Rechtswissenschaften – bilden das wissenschaftliche Spiegelbild der Gestalt von Familienunternehmen. Dadurch hat sich das WIFU eine einzigartige Expertise im Bereich Familienunternehmen erarbeitet. Seit 2004 ermöglichen die Institutsträger – ein exklusiver Kreis von über 40 Familienunternehmen –, dass das WIFU auf Augenhöhe als Institut von Familienunternehmen für Familienunternehmen agieren kann. Das WIFU nutzt diese europaweit einzigartigen Voraussetzungen, um Forschung und Lehre über diese besondere Organisationsform konsequent voranzutreiben und innovative Problemlösungsansätze zu erarbeiten. Mit über zwölf Professoren leistet das WIFU mittlerweile seit über 12 Jahren einen signifikanten Beitrag zur generationenübergreifenden Zukunftsfähigkeit von Familienunternehmen.

Inhaltsübersicht

Inhaltsverzeichnis

Abbildungsverzeichnis

Abkürzungsverzeichnis

Abs.	Absatz
AG	Aktiengesellschaft
BGB	Bürgerliches Gesetzbuch
bspw.	beispielsweise
bzw.	beziehungsweise
ca.	circa
d.h.	das heißt
et al.	et alii
etc.	et cetera
f.	folgende
ff.	fortfolgende
Fn.	Fußnote
ggf.	gegebenenfalls
GmbH	Gesellschaft mit beschränkter Haftung
gGmbH	gemeinnützige Gesellschaft mit beschränkter Haftung
HGB	Handelsgesetzbuch
Hrsg.	Herausgeber
Mio.	Millionen
S.	Seite
sog.	so genannt(e)
u.U.	unter Umständen
vgl.	vergleiche
z.B.	zum Beispiel

1 Einführung

1.1 Einleitung

1.1.1 Die Stiftung als ein Instrument der Familienstrategie

Familienunternehmen sind dadurch gekennzeichnet, dass zwei soziale Systeme, nämlich die Familie und das Unternehmen, eng miteinander verflochten sind. Dadurch ergeben sich zahlreiche Besonderheiten und Unterschiede wie auch Chancen und Risiken im Vergleich zu anderen Unternehmen. Diese sind nur dann verständlich, wenn man das Familienunternehmen, wie Wimmer es formuliert, als „Ergebnis der Koevolution zweier im Grunde genommen einer ganz unterschiedlichen inneren Logik folgenden sozialen Systeme begreift".[1] Das heißt, dass die Stärken und Schwächen der Familie das Unternehmen beeinflussen und prägen, wie umgekehrt auch das Unternehmen den Alltag der Eigentümerfamilie beeinflusst und prägt.

Während die Verhältnisse im System Unternehmen in der Regel organisatorisch, strategisch und operativ geordnet sind und das Verhältnis der Gesellschafter[2] durch den Gesellschaftsvertrag geregelt wird, ist das System Familie meist kaum organisiert. Um zu verhindern, dass Streitigkeiten in der Familie Auswirkungen auf das Unternehmen haben, ist es von zentraler Bedeutung, dass die Familie über ein gemeinsames Werte-, Rollen- und Zielverständnis in Bezug auf das Unternehmen verfügt.[3] Je nach dessen Ausprägung wird sie die Frage nach der Stellung des Familienunternehmens im Rahmen des Gesamtvermögens der Unternehmerfamilie und die Organisation der Familie in Bezug auf das Familienvermögen beantworten.[4] Dieser Prozess erfolgt gewöhnlich im Rahmen der Entwicklung einer Familienstrategie.[5] Je nach Kooperationspotenzial der Familie kommen dabei unterschiedliche Ausgestaltungsmöglichkeiten

---

1 Wimmer / Domayer / Oswald / Vater (2005), S. 7 f.
2 Zur Stellung der Gesellschafter im System „Familienunternehmen" vgl. Kapitel 1.2.2.
3 Vgl. Baus (2007), S. 16 f.
4 Vgl. Kirchdörfer / Lorz (2004), S. 2 f.
5 Vgl. Baus (2007), S. 67 ff.

der Beziehung zwischen Familie und Unternehmen in Betracht: Sog. Loyalitäts-Lösungen lassen die Eigentumsverhältnisse am Unternehmen unverändert und beschränken sich auf eine Anpassung der Führungsstrukturen. So kann die operative Führung durch Familienmitglieder, durch Fremdmanager oder eine Mischung aus beidem erfolgen. Sog. Exit-Lösungen verändern die Beteiligungsverhältnisse. Hierbei wird zum einen zwischen der Thronfolger-Lösung, der Realteilung und dem Family-Buy-Out unterschieden, die den beteiligten familiären Personenkreis verkleinern. Zum anderen wird zwischen dem Verkauf und der Stiftung unterschieden, die die Verbindung von Familie und Unternehmen eigentumsrechtlich trennen.[6]

1.1.2 Empirische Relevanz und Motive für die Stiftung

In den vergangenen Jahren ist die Stiftung als Instrument der Familienstrategie stärker in den Blickpunkt gerückt. Während bisher in der Literatur vorzufindende Schätzungen von ca. 200 – 300 unternehmensverbundenen Stiftungen[7] in Deutschland ausgingen[8], geht eine 2008 veröffentlichte Studie bereits von 420 stiftungsgetragenen Unternehmen aus.[9] Neben der steigenden Anzahl verdeutlichen weitere Indizien die zunehmende Bedeutung dieser Gestaltungsalternative: Etwa 25% der in der Studie ermittelten unternehmensverbundenen Stiftungen wurden in den vergangenen 10 Jahren gegründet.[10] Während die unternehmensverbundenen Stiftungen nur etwa 3% der in Deutschland erfassten rechtsfähigen Stiftungen ausmachen, gaben in der StifterStudie (2005) der Bertelsmann Stiftung 7% der befragten Stifter an, die Stiftung zur Regelung der Nachfolge in ihrem Unternehmen gegründet zu haben.[11] Darüber hinaus sind unter den 15 größten Stiftungen nach Vermögen 10 unternehmensverbundene

---

6 Vgl. Baus (2007), S. 122 ff.

7 Zum Begriff unternehmensverbundene Stiftung vgl. die Ausführungen in Kapitel 1.3.2.

8 Vgl. Herrmann (1997), S. 5 ff.

9 Vgl. Fleschutz (2008), S. 74. Da Stiftungen nicht publizitätspflichtig sind und keine systematische Erhebung aller unternehmensverbundenen Stiftungen stattfindet, handelt es sich um eine Schätzung.

10 Vgl. Fleschutz (2008), S. 2.

11 Vgl. Timmer (2005), S. 35 ff. Zielgruppe waren Stifter, die seit 1990 eine gemeinnützige Stiftung mit einem Stiftungsvolumen von mindestens 50.000 € ins Leben gerufen haben, vgl. S. 19.

Stiftungen zu finden. Darunter befinden sich Stiftungen wie die Robert Bosch Stiftung GmbH, die Dietmar-Hopp-Stiftung gGmbH, die Else Kröner-Fresenius-Stiftung, die Bertelsmann Stiftung und die Software AG-Stiftung.[12] Die volkswirtschaftliche Bedeutung unternehmensverbundener Stiftungen ist, wie diese Beispiele zeigen, ebenfalls nicht zu unterschätzen. Unter den 100 größten deutschen Unternehmen nach Börsenkapitalisierung finden sich 10 stiftungsgetragene Unternehmen wieder.[13]

Die Motive für die Wahl der Stiftung sind von Fall zu Fall verschieden und meist ist von einer Kombination von mehreren Motiven auszugehen.[14] Die gewachsene Akzeptanz der Stiftung beruht insbesondere darauf, dass durch die Loslösung des Unternehmens von der Familie die Unternehmenskontinuität bzw. der Erhalt des Unternehmens gesichert werden kann. Eng damit verbunden ist das Motiv, das Unternehmen als Ganzes zu erhalten und damit eine mögliche Zersplitterung zu verhindern.[15] Die Stiftung wird daher als ein Instrument erachtet, mit dem eine engstirnige Familienpolitik abgewehrt werden kann.[16] Darüber hinaus fehlen bei zahlreichen Familienunternehmen geeignete und gewillte familieninterne Nachfolger. Der Vorteil der Stiftung ist in diesem Fall darin zu sehen, dass die Bestellung der Unternehmensführung unabhängig von den Eigenschaften der Erben gestaltet werden kann. Selbst wenn geeignete und gewillte Nachfolger vorhanden sind, können gesellschaftspolitische und ethische Ordnungsvorstellungen des Stifters zur Wahl der Stiftung führen. So kommt die Verwirklichung von gemeinnützigen Zwecken im Rahmen einer gemeinnützigen Stiftung in Betracht. Ebenso kann die Versorgung von Familienmitgliedern im Rahmen von Familienstiftungen ein Motiv für die Stiftung sein.[17] Auch der Erhalt des Unternehmens zum Wohle seiner Mitarbeiter wird als Motiv angeführt. Fer-

[12] Vgl. Bundesverband Deutscher Stiftungen (2008), S. 70.; Vgl. hierzu auch Fleschutz (2008), S. 75 sowie Anhang 4, S. 393 ff.
[13] Vgl. Fleschutz (2008), S. 75.
[14] Vgl. Stickrodt (1959), S. 26.
[15] Vgl. Berndt (2009), S. 368 ff.
[16] Vgl. Flämig (1978), S. 3.
[17] Vgl. Berndt (2009), S. 370 ff.

ner spielen steuerliche Beweggründe und ggf. die Vermeidung von Mitbestimmungspflichten im Falle der Stiftung & Co. KG eine Rolle.[18] [19]

1.1.3 Stand der Forschung und Fragestellung der Arbeit

Familienunternehmen erfahren trotz ihrer gesamtwirtschaftlichen Bedeutung[20] in der volks- und betriebswirtschaftlichen Literatur nach wie vor eine verhältnismäßig geringe Beachtung.[21] Zwar wird die Stiftung wegen ihrer zunehmenden empirischen Bedeutung und der genannten Motive als ein Instrument der Nachfolge erwähnt, allerdings bleibt es bei einer allgemeinen Darstellung dieser Option.[22] Publikationen zu unternehmensverbundenen Stiftungen beschäftigen sich seit Jahrzehnten hauptsächlich mit rechtlichen, insbesondere steuerrechtlichen Fragestellungen. Andere geistes- und sozialwissenschaftliche Aspekte werden weitestgehend ausgeblendet.[23]

Während in der Literatur zu Familienunternehmen zahlreiche Abhandlungen darüber zu finden sind, wie mit den meisten Gestaltungsoptionen der Familienstrategie typische Konfliktsituationen, die sich im Schnittfeld zwischen Familie und Unternehmen ergeben, verhindert werden können, wurde bisher nicht systematisch untersucht, ob mit der unternehmensverbundenen Stiftung diese für Familienunternehmen typischen Konflikte beseitigt werden können oder ob sie unverändert, verstärkt, abgeschwächt oder in veränderter Form weiter bestehen. Es geht also um die Frage, ob die Schwachstellen, die sich aus der Verbindung von Unternehmen und Familie ergeben, minimiert und die Stärken erhalten werden können.

---

18 Vgl. Hennerkes (1998a), S. 35.

19 Zu den Motivstrukturen der empirischen Untersuchung, die sich mit der Literatur weitgehend decken, vgl. Fleschutz (2008), S. 103 ff.

20 Die aktuellste Studie der Stiftung Familienunternehmen belegt, dass 93% aller aktiven Unternehmen in Deutschland familienkontrollierte Unternehmen sind. Diese erwirtschaften 49% des Gesamtumsatzes in Deutschland und beschäftigen rund 14,3 Millionen Menschen, was einem Anteil von 54% an der Gesamtbeschäftigung entspricht; vgl. Stiftung Familienunternehmen (2009), S. 13 - 29.

21 Vgl. Sharma (2004), S. 1.

22 Vgl. Hennerkes (2005), S. 202 ff.; Vgl. Froning (2005), S. 607 ff.; Vgl. Habig / Berninghaus (2004), S. 131 ff.

23 Vgl. Strachwitz (2003), S. 199.

Bevor dieser Frage nachgegangen werden kann, sollen einige für die weitere Arbeit wichtige Gesichtspunkte zum Themenkomplex Familienunternehmen geklärt werden. Dabei wird insbesondere das sog. Drei-Kreis-Modell vorgestellt, mit dem die Konfliktfelder erklärt werden, denen sich Familienunternehmen gegenüber sehen. Darüber hinaus soll ein Überblick über die unternehmensverbundene Stiftung gegeben werden.

1.2 Themenkomplex Familienunternehmen

1.2.1 Definition von Familienunternehmen

In Ermangelung einer Legaldefinition[24] haben sich in der Literatur zahlreiche unterschiedliche Ansätze für die Begriffsbestimmung herausgebildet, wobei sich eine weit gefasste Definition durchgesetzt hat. Nach dieser ist von zentraler Bedeutung, dass am Unternehmen mehrheitlich durch Verwandtschaft verbundene Personen beteiligt sind, die einen bestimmenden unternehmerischen Einfluss auf das Unternehmen haben müssen.[25] Maßgeblicher unternehmerischer Einfluss besteht, wenn die Familie mindestens die einfache Mehrheit der Kapitalanteile am Gesellschaftskapital hält. Sofern die Familie über eine gesellschaftsvertraglich eingeräumte Stimmrechtsmehrheit verfügt, kann auch eine geringere Kapitalbeteiligung ausreichen.[26] Größenmerkmale wie Umsatz spielen für die Einordnung als Familienunternehmen ebenso wenig eine Rolle wie eine spezifische Rechtsform.[27] So ist auch dann von einem Familienunternehmen auszugehen, wenn die Unternehmensanteile Stiftungen gehören, die von durch Verwandtschaft verbundenen Personen beherrscht werden.[28] Legt man diese Begriffsfassung zu Grunde, ist auch unerheblich, ob sich der maßgebliche Einfluss der Familie/n in einer aktiven Teilnahme an der Geschäftsführung aus-

---

[24] Vgl. Lange (2009), S. 247.

[25] Vgl. Hennerkes (2005), S. 16; Vgl. auch Winkler (2005), S. 84; Wimmer et al. (2005), S. 6; Habig / Berninghaus (2004), S. 8 f.

[26] Vgl. Fabis (2007), S. 30.

[27] Vgl. Hennerkes (2005), S. 17; Wimmer et al. (2005), S. 6.

[28] Vgl. Hennerkes (2005), S. 16 f.; Da Stiftungen keine Gesellschafter haben, kommt es bei der Beherrschung durch Verwandtschaft verbundene Personen hier darauf an, ob diese Personen maßgeblichen Einfluss auf die Besetzung der Organe der Stiftung haben.

drückt oder in der Kontrolle eines Fremdmanagements besteht.[29] Neben diesen objektiven Kriterien werden auch subjektive Elemente in die Definition mit einbezogen. So wird von der Familie erwartet, dass sie die Familientradition als Leitlinie ihrer unternehmerischen Betätigung betrachtet.[30] Obwohl die Einbeziehung subjektiver Kriterien kritisch gesehen wird,[31] soll in dieser Arbeit die hier beschriebene Definition unter Einbeziehung der objektiven und subjektiven Komponenten zu Grunde gelegt werden. Dies erscheint sinnvoll, da viele der typischen Konflikte, denen Familienunternehmen ausgesetzt sind, erst durch die enge Bindung und Identifikation der Familie mit dem Unternehmen entstehen, wie in Kapitel 2 beschrieben wird.

1.2.2 Das Drei-Kreis-Modell und die Beschreibung von Paradoxien

Bereits in den 1960er und 1970er Jahren wurde in den USA das sog. Zwei-Kreis-Modell entwickelt, das die Eigenart des Familienunternehmens in der engen Koppelung der Systeme Familie und Unternehmen sieht.[32] Tagiuri und Davis[33] erweiterten das Modell in ihren Forschungen zum Drei-Kreis-Modell. Sie teilten den bisherigen Kreis „Unternehmen“ in die Kreise „Eigentümer“ und „Unternehmen“, da viele Dilemmata, denen Familienunternehmen ausgesetzt sind, mehr zwischen Eigentümern und Managern als zwischen der Familie und dem Unternehmen als Ganzes entstehen.[34]

---

[29] Vgl. Winkler (2005), S. 84; Wimmer et al. (2005), S. 6 f.; Habig / Berninghaus (2004), S. 8 f.
[30] Vgl. Hennerkes (1998b), S. 25.
[31] Vgl. Fabis (2007), S. 33.
[32] Vgl. insbesondere Donnelley (1964), S. 93 f.; Später ebenso Beckhard / Dyer (1983), S. 6.
[33] Vgl. Tagiuri / Davis (1996), S. 199 ff.
[34] Vgl. Gersick / Davis / McCollom Hampton / Lansberg (1997), S. 5.

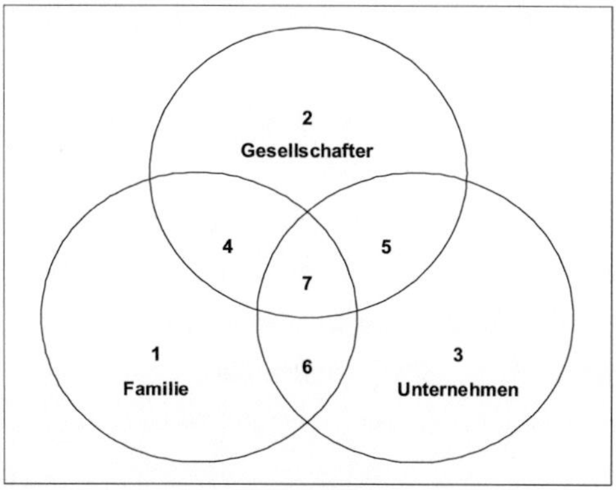

Abbildung 1: Das Drei-Kreis-Modell
Darstellung nach Gersick et al. (1997), S. 5.

Wie Abbildung 1 verdeutlicht, können Individuen zu einem, zwei oder allen drei Systemen gehören. Je nachdem, in welchem der drei Felder sie agieren, haben sie unterschiedliche Rollen inne und sehen sich unterschiedlichen Erwartungen ausgesetzt. Dies hängt damit zusammen, dass die drei Systeme auf unterschiedlichen Prämissen aufgebaut sind und in unterschiedlichen Funktionslogiken mit dazugehörigen eigenen Regeln der Interaktion und Kommunikation operieren.[35] Im System Familie stehen die Personen und ihre Beziehungen zueinander im Vordergrund. Die Beziehungen sind von der Gleichheit aller Familienmitglieder geprägt.[36] Die Zugehörigkeit zur Familie ist entweder durch die Geburt gegeben und nicht an persönliche Qualitäten des Kindes gebunden, oder sie wird durch Heirat aus (in der Regel) emotionalen Gründen begründet. Demzufolge herrscht in Familien eine personenorientierte Kommunikation. Demgegenüber ist das System Unternehmen ein aufgabenorientiertes System, es geht also um sachliche Fragestellungen. Hier steht die „Richtigkeit" ökonomischer Entscheidungen im Vordergrund. Die Mitgliedschaft im System beruht auf der Qualifikation. Personen werden ihrer tatsächlichen oder vermuteten

---

35 Vgl. Simon / Wimmer / Groth (2005), S. 17f.

36 Die selbstverständliche Abhängigkeit von Kleinkindern von ihren Eltern muss in diesem Zusammenhang nicht bedacht werden.

Kompetenz und ihrer Rolle entsprechend in Entscheidungsprozesse einbezogen. Ihre Gesamtleistungen zum Erfolg oder Misserfolg des Unternehmens werden bewertet, so dass die Mitgliedschaft ggf. auch wieder beendet werden kann. Demzufolge ist die Kommunikation im Unternehmen überwiegend sachorientiert.[37] Im System Gesellschafter stehen weder die Person noch die Aufgabe im Mittelpunkt, sondern, wie von Schlippe es formuliert, die „optimale Ausnutzung der eingesetzten Mittel".[38] Für das der Unternehmung überlassene Kapital erwarten die Eigenkapitalgeber eine Mindestrendite, die sich am Marktwert ihres Kapitals und an der Rendite orientiert, die sie bei Anlagen mit vergleichbarem Risiko erzielen würden. Ist das Unternehmen nicht in der Lage, diese Mindestverzinsungsansprüche zu erfüllen, wird das Portfolio zugunsten anderer, bei gleichem Risiko besser verzinster Anlagen umgeschichtet.[39] Da das System durch den Gesellschaftsvertrag geregelt wird, spielen hier juristische Elemente eine wichtige Rolle. Die Zugehörigkeit zum System erfolgt durch das Eigentum an Gesellschaftsanteilen des Unternehmens, das im Falle von Familienunternehmen in der Regel durch Vertrag oder im Erbgang auf Personen innerhalb der Familie übertragen wird. Die Beziehung der Gesellschafter untereinander ist, unabhängig von ihrer fachlichen Qualifikation und ihren familiären Beziehungen, durch die Höhe ihres Anteils festgeschrieben. Anders als in der Familie und zum Teil im Unternehmen kann die Beziehung der Gesellschafter nicht schnell und ggf. informell durch Veränderung des Beziehungsgeflechts der Personen zueinander geändert werden, sondern nur im Erbfall oder durch einen neuen Vertrag. Entscheidungen in diesem System sind also sehr viel langlebiger als in den anderen Systemen. Demnach erfolgt die Kommunikation hier nicht personen- oder sachorientiert, sondern ist von Anteils-Mehrheiten und Vertragstexten bestimmt.[40]

Die Vermischung von emotionalen, ökonomischen sowie juristischen und finanzstrategischen Logiken führt dazu, dass die beteiligten Personen oft nicht

---

[37] Vgl. Schlippe (2009), S. 53; Vgl. auch Simon (2005), S. 56 ff.
[38] von Schlippe (2009), S. 53.
[39] Vgl. Hahn / Hungenberg / Cordes (2001), S. 154.
[40] Vgl. von Schlippe (2009), S. 53; Simon (2005), S. 66 ff.

wissen, in welcher Funktion sie gerade sprechen und handeln. Diese Komplexität erzeugt Phänomene, die mit dem Begriff der Paradoxie umschrieben werden.[41] Paradoxien sind definiert als „die Gleichzeitigkeit von einander ausschließenden Beschreibungen“.[42] In sozialen Systemen treten dabei besonders die pragmatischen Paradoxien auf. Sie ergeben sich daraus, dass sich „die Menschen in ihren Bezugssystemen Verhaltenserwartungen ausgesetzt sehen, die sie gleichzeitig an sich gerichtet erleben, die jedoch einander ausschließen“.[43] Paradoxien führen also salopp gesprochen dazu, dass alles, was man tut, unangemessen ist. Denn was rechtmäßig ist, muss noch lange nicht unternehmerisch sinnvoll sein und schon gar nicht den familiären Erwartungen entsprechen. In der Literatur werden zahlreiche solcher pragmatischer Paradoxien, denen Familienunternehmen ausgesetzt sind, beschrieben. Sie fließen in Kapitel 2 bei der Ableitung der typischen Schnittstellenkonflikte in die Arbeit ein.

Gersick et al. erweiterten das Drei-Kreis-Modell zu einem dynamischen Lebenszyklusmodell. Jedes der drei Systeme unterliegt im Laufe der Zeit Veränderungen, da die Individuen älter werden und u.U. ihre Ansichten ändern, einzelne Individuen die Systeme verlassen und neue hinzukommen bzw. einige Individuen auch zwischen den Sektoren der Kreise wechseln. Mit dieser dynamischen Komponente gelingt es, Kategorien von Familienunternehmen zu bilden. So unterteilen Gersick et al. Familienunternehmen in folgende Typen: „Founders and the Entrepreneurial Experience“ (Gründer und die Gründungserfahrungen), „The Growing and Evolving Family Business“ (Das wachsende und sich entwickelnde Familienunternehmen) sowie „The Complex Family Enterprise“ (Das komplexe Familienunternehmen). Eine auf etwas anderen Kriterien basierende Typologisierung findet sich bei Kirchdörfer/Kögel. Sie unterscheiden zwischen den Typen: „Einzelunternehmer“, „(Stammes-)Familienunter-nehmen“ und „Fremdgeführtes Familienunternehmen“.[44] Auf Grund der unter 1.2.1 beschriebenen Definition und der fehlenden Homogenität der Gruppe der Fami-

41 Vgl. Schlippe / Nischak / El Hachimi (2008), S. 22 f.
42 von Schlippe (2009), S. 51.
43 von Schlippe et al. (2008), S. 24.
44 Vgl. Gersick et al. (1997), S. 15 ff. sowie S. 133 ff.; Vgl ebenso Kirchdörfer / Kögel (2000), S. 231 ff.

lienunternehmen können diese mit Hilfe der Typologisierung zu Gruppen zusammengefasst werden, die strukturelle Ähnlichkeiten aufweisen. Auf diese Weise kann die Komplexität der in der Praxis auftretenden nahezu unerschöpflichen Ausgestaltungen von Familienunternehmen reduziert werden. Diese Typologisierungen fließen bei der Ableitung der Schnittstellenkonflikte in die Arbeit ein.

1.3 Themenkomplex unternehmensverbundene Stiftung

1.3.1 Definition und Einordnung in den Stiftungskontext

In der Literatur finden sich zahlreiche Begriffe, die die Verbindung von Stiftung und Unternehmen beschreiben.[45] Unter dem Begriff unternehmensverbunde Stiftung werden im Rahmen dieser Arbeit Stiftungen verstanden, die an einem Unternehmen Anteile halten bzw. Unternehmen, die in der Rechtsform der Stiftung geführt werden.[46] Die Höhe der Anteile spielt dabei keine Rolle, ebenso muss kein Beherrschungs- und Abhängigkeitsverhältnis vorliegen. Setzte man dies für die Verbindung von Stiftung und Unternehmen voraus, würden zahlreiche Stiftungen nicht unter den Begriff der unternehmensverbundenen Stiftung fallen.[47] Nicht erfasst werden Stiftungen, die von einem Unternehmen gegründet wurden, aber weder unmittelbar noch mittelbar Unternehmensanteile halten. Ein stiftungsgetragenes Unternehmen ist demnach ein Unternehmen, das sich ganz oder teilweise im Eigentum einer Stiftung befindet.

Bei den hier betrachteten unternehmensverbundenen Stiftungen handelt es sich um rechtsfähige Stiftungen des bürgerlichen Rechts.[48] Als Stiftung im Rechtssinne wird die vom Stifter geschaffene rechtsfähige Organisation verstanden,

---

45 Vgl. die Übersicht bei Fleschutz (2008), S. 65 f.

46 Vgl. Hennerkes / Binz / Sorg (1986a), S. 2219 f.

47 Vgl. Berndt (2009), S. 53. So können gemeinnützige Stiftungen beispielsweise die Mehrheit der Anteile innehaben, ohne gleichzeitig auch über die Mehrheit der Stimmrechte zu verfügen, wie dies bei der Bertelsmann Stiftung der Fall ist, vgl. auch Fleschutz (2008), S. 66.

48 Nicht rechtsfähige Stiftungen, die also über keine eigene Rechtspersönlichkeit verfügen, spielen in der Praxis kaum eine Rolle, vgl. Fleschutz (2008), S. 77; Öffentlich-rechtliche Stiftungen sind im hier betrachteten Zusammenhang ohne Belang, vgl. Hennerkes (2005), S. 203.

die die Aufgabe hat, mit Hilfe des der Stiftung gewidmeten Vermögens den festgelegten Stiftungszweck dauerhaft zu verfolgen.[49] Stiftungen zeichnen sich dadurch aus, dass sie weder Gesellschafter noch Mitglieder haben. Sie kennen nach der Stiftungssatzung nur Begünstigte, die Destinatäre.[50] Die Stiftung wird im Rechtsverkehr durch natürliche Personen vertreten, die als ihre Organe bestellt sind. Gesetzlich ist dabei nur der Stiftungsvorstand vorgesehen, weitere Organe wie das Kuratorium können aber in der Stiftungsverfassung geschaffen werden.[51] Wie alle rechtsfähigen Stiftungen bürgerlichen Rechts entstehen auch sie durch das Stiftungsgeschäft. Neben den Zielsetzungen des Stifters, werden hier das einzubringende Stiftungsvermögen, die Stiftungsorganisation und der Kreis der Destinatäre geregelt. Darüber hinaus bedarf es der staatlichen Anerkennung der Stiftung.[52]

Obwohl die unternehmensverbundene Stiftung auch nach der Reform des Stiftungszivilrechts im Jahre 2002 nicht ausdrücklich im BGB geregelt ist, bestätigte die Reform durch den Grundsatz der Zulässigkeit der „gemeinwohlkonformen Allzweckstiftung" auch ihre grundsätzliche Zulässigkeit, sofern die Stiftung dem Gemeinwohl nicht zuwiderläuft.[53]

Die Stiftung als Eigentümerin eines Unternehmens wurde wegen der Eigentümerlosigkeit der Stiftung lange Zeit kritisch betrachtet, da dadurch auch dem Unternehmen der Unternehmer fehle. Darüber hinaus wird der Stiftung mangelnde Flexibilität unterstellt. Durch die nur sehr schwierig zu ändernde Stiftungssatzung und die Bindung an den Stifterwillen wird die Stiftung als nicht ausreichend anpassungsfähig angesehen, um auf Veränderungen flexibel reagieren zu können.[54] Auch die staatliche Stiftungsaufsicht wurde als Kritikpunkt angemerkt. Bei allen diesen Einwänden ist jedoch zu beachten, dass Stiftung und Unternehmen losgelöst voneinander zu betrachten sind, da die Unterneh-

---

[49] Vgl. Campenhausen (2009), S. 2.
[50] Vgl. Berndt (2009), S. 55 ff.
[51] Vgl. Berndt (2009), S. 129.
[52] Vgl. Berndt (2009), S. 99 ff.
[53] Vgl. Pöllath / Richter (2009a), S. 437.
[54] Vgl. Werthern (1986), S. 133 ff.

mensträgerstiftung, also die rechtliche Einheit von Unternehmen und Stiftung, in der Praxis heute keine Rolle mehr spielt.[55] So ist festzuhalten, dass die Stiftung zwar keine Eigentümer hat, nicht jedoch das Unternehmen. Die mangelnde Flexibilität der Stiftung schränkt darüber hinaus nicht per se die Anpassungsfähigkeit des Unternehmens ein.[56] Die Stiftungsaufsicht ist lediglich eine Rechtsaufsicht, die die Rechtmäßigkeit des Handelns der Stiftungsorgane prüft. Es ist nicht Aufgabe der Aufsichtsbehörden, darauf zu achten, ob die Organe der Stiftung als „Eigentümer" des Unternehmens wirtschaftlich zweckmäßig oder unternehmerisch sinnvoll handeln.[57] Als Fazit bleibt also festzuhalten, dass die Kritik an der unternehmensverbundenen Stiftung nicht haltbar ist.

Innerhalb der unternehmensverbundenen Stiftungen werden zwei Subtypen unterschieden, die Unternehmensträgerstiftung und die Beteiligungsträgerstiftung. Von ihrer Zweckbestimmung ist die Beteiligungsträgerstiftung entweder eine gemeinnützige oder eine Familienstiftung.[58] Darüber hinaus existiert mit der Stiftung & Co. KG eine besondere Form der unternehmensverbundenen Stiftung. Auf die Unterscheidungen und Besonderheiten dieser Formen soll im Folgenden eingegangen werden.[59]

1.3.2 Unternehmensverbundene Stiftungen

1.3.2.1 Unternehmensträgerstiftung

Bei der Unternehmensträgerstiftung bilden Unternehmen und Stiftung eine rechtliche Einheit. Die Stiftung betreibt das Unternehmen unmittelbar selbst. Auf Grund der nachteiligen steuerlichen Behandlung, der staatlichen Stiftungsaufsicht sowie der nur schwer zu ändernden Rechtsform und ihrer eingeschränkten Flexibilität spielt diese Form in der Praxis keine Rolle mehr.[60] Das letzte bekannte Beispiel, die Firma Zeiss, wurde 2003 in eine Beteiligungsträgerstiftung

---

55 Vgl. hierzu Kapitel 1.3.2.1.
56 Vgl. Werthern (1986), S. 128 ff.
57 Vgl. Hennerkes (2005), S. 203.
58 Vgl. Pöllath / Richter (2009a), S. 414.
59 Doppelstiftung und stiftungsverwandte Gestaltungsformen bleiben außer Betracht.
60 Vgl. Hennerkes / Binz / Sorg (1986a), S. 2220.

umgewandelt. Die Unternehmensträgerstiftung soll daher im Folgenden nicht weiter betrachtet werden.

1.3.2.2 Beteiligungsträgerstiftung

1.3.2.2.1 Definition

Unter Beteiligungsträgerstiftungen werden Stiftungen verstanden, die Anteile an einem Unternehmen halten. Wie oben bereits angeklungen, kommen als Beteiligungsträgerstiftung die gemeinnützige Stiftung und die Familienstiftung in Betracht, die im Folgenden beleuchtet werden sollen.

1.3.2.2.2 Gemeinnützige Stiftung

Die gemeinnützige Stiftung ist eine Erscheinungsform der Stiftung. Das Gemeinnützigkeitsrecht schafft die institutionell-rechtlichen Rahmenbedingungen für bürgerschaftliches Engagement, indem die selbstlose Förderung der Allgemeinheit auf materiellem, geistigem oder sittlichem Gebiet steuerrechtlich begünstigt wird. Die Voraussetzungen der Gemeinnützigkeit lassen sich unterteilen in Anforderungen an die Einkommensverwendung und Einkommenserzielung.

So darf eine gemeinnützige Stiftung ihr Einkommen grundsätzlich nur für gemeinnützige Zwecke[61] verwenden, sonst entfällt die Steuervergünstigung insgesamt, d.h. die ganze Stiftung ist dann z.B. körperschaftsteuerpflichtig. § 52 Abs. 1 der Abgabenordnung grenzt die Allgemeinheit negativ ab. So ist eine Förderung der Allgemeinheit beispielsweise nicht gegeben, wenn der Kreis der Personen, dem die Förderung zugute kommt, fest abgeschlossen ist wie bei der Zugehörigkeit zu einer Familie oder zur Belegschaft eines Unternehmens. Diese negative Abgrenzung reicht zur Begriffsbestimmung der Allgemeinheit aber nicht aus, es kommt vielmehr auf den Gegensatz zwischen Gemeinnützigkeit

[61] Vgl. hierzu § 52 Abs. 2 Abgabenordnung. Eine gemeinnützige Stiftung mit Familienbegünstigung bis zu einem Drittel wird von der Finanzverwaltung als gemeinnützigkeitsunschädlich angesehen, wenn sie auf die nächsten Angehörigen beschränkt ist.

und Eigennützigkeit an. Gemeinnützigkeit liegt demnach vor, wenn sich „die Förderung des Einzelnen in dem Reflex der Förderung des gemeinnützigen Zwecks erschöpft, wie zum Beispiel die Wissenschaftsförderung zwar auch dem einzelnen Wissenschaftler zu Gute kommt, aber eben nur in seiner Stellung als Wissenschaftler“.[62] Im Gegensatz dazu beschränkt sich die Familienstiftung auf die Förderung von Familienmitgliedern, und damit auf das Eigeninteresse dieser. Eine Familienstiftung kann also auch dann nicht gemeinnützig sein, wenn sie nur Familienmitglieder fördern würde, die sich wissenschaftlich, kulturell oder sportlich besonders hervortun.[63]

Das zur Förderung der Allgemeinheit benötigte Einkommen kann die gemeinnützige Stiftung steuerunschädlich nur im idellen Bereich und aus der Vermögensverwaltung, also z.B. aus Zinsen und Dividenden eines Wertpapierdepots, erzielen. Die Steuervergünstigungen entfallen hingegen, wenn und soweit Einkommen aus wirtschaftlichem Geschäftsbetrieb erzielt wird, allerdings grundsätzlich nicht insgesamt, sondern nur beim steuerschädlichen wirtschaftlichen Geschäftsbetrieb.[64] Zur Einkommenserzielung kann die gemeinnützige Stiftung als Beteiligungsträgerstiftung Beteiligungen an Kapitalgesellschaften und Personengesellschaften halten. Die Beteiligung an einer Kapitalgesellschaft, unabhängig von der Höhe des Anteils, wird grundsätzlich als Vermögensverwaltung (und damit als steuerunschädlich) angesehen, so lange lediglich die Gesellschafterrechte wahrgenommen werden. Üben die Stiftungsorgane jedoch tatsächlich – die bloße Möglichkeit reicht nicht aus – einen entscheidenden Einfluss auf die laufende Geschäftsführung der Kapitalgesellschaft aus, so liegt ein steuerschädlicher wirtschaftlicher Geschäftsbetrieb vor. Die Beteiligung an einer Aktiengesellschaft ist damit regelmäßig Vermögensverwaltung, da bereits gesetzlich festgelegt ist, dass Aktionäre keinen Einfluss auf die laufende Geschäftsführung ausüben dürfen. Bei der Beteiligung an einer GmbH kann dieses Problem, sofern kein der AG entsprechender Aufsichtsrat eingerichtet ist, so gelöst werden, dass keine Personenidentität zwischen Stiftungsvorstand und

---

[62] Pöllath / Richter (2009c), S. 922.
[63] Vgl. Pöllath / Richter (2009c), S. 921.
[64] Vgl. Pöllath / Richter (2009c), S. 906 ff.

Geschäftsführung des Unternehmens besteht und ein Einfluss auf die laufende Geschäftsführung durch Regelungen im Gesellschaftsvertrag ausgeschlossen wird.[65] Die Beteiligung an einer Personengesellschaft als Kommanditistin ist unabhängig von der Höhe der Beteiligung als wirtschaftlicher Geschäftsbetrieb einzustufen, sofern die Personengesellschaft nicht nur Vermögensverwaltung betreibt.[66] Um in den anderen Fällen einen wirtschaftlichen Geschäftsbetrieb zu vermeiden, darf der gemeinnützigen Stiftung in der Gesellschafterversammlung kein Stimmrecht und kein Widerspruchsrecht nach § 164 HGB zustehen. Grundsätzlich kann eine Beteiligung zwar als wirtschaftlicher Geschäftsbetrieb geführt werden. Sofern diese Beteiligung der Stiftung aber das Gepräge als eigennützig gibt – was vom Umfang der Beteiligung abhängt –, kann sie voll steuerpflichtig werden.[67] Bei der Beteiligung einer gemeinnützigen Stiftung an Kapital- und Personengesellschaften ist daher besondere Vorsicht geboten.

Da Stiftungen keine Eigentümer haben, die die Organe der Stiftung kontrollieren, unterliegen gemeinnützige Stiftungen der staatlichen Stiftungsaufsicht, die sich auf die Rechtsaufsicht beschränkt.[68]

1.3.2.2.3 Familienstiftung

Im Gegensatz zur gemeinnützigen Stiftung wird unter einer Familienstiftung eine Stiftung verstanden, die im besonderen Maße den Interessen oder dem Wohl einer oder mehrerer bestimmter Familien ganz oder teilweise dient. Der Kreis der Destinatäre ist also sehr viel konkreter gefasst als bei einer gemeinnützigen Stiftung. Das Charakteristikum der Familienstiftung liegt im Vergleich zu anderen Stiftungen daher in ihrem ideellen, nämlich familiären Bezug, und nicht in ihrer materiellen Basis.[69]

---

65 Vgl. Pöllath / Richter (2009c), S. 975 ff.; Vgl. Götz (2009), S. 282 und 391.; Vgl. ebenso Schiffer (2009), S. 358 f.; Vgl. auch Hennerkes (2005), S. 209.

66 Vgl. Hennerkes / Binz / Sorg (1986a), S. 2220.

67 Vgl. Pöllath / Richter (2009c), S. 985 f.; Vgl. Götz (2009), S. 318; Vgl. Schiffer (2009), S. 369 ff.

68 Vgl. Hennerkes / Binz / Sorg (1986a), S. 2217.

69 Vgl. Pöllath / Richter (2009b), S. 457 ff.

Da eine Familienstiftung keine gemeinnützigen Zwecke verfolgt, kann sie bei der Einkommensverwendung keine Steuervorteile wie die gemeinnützige Stiftung in Anspruch nehmen. Bezüglich der Einkommenserzielung gelten somit aber auch keine Einschränkungen. Eine Familienstiftung kann sich demnach sowohl an Personen- und Kapitalgesellschaften beteiligen und dabei über die Stiftungsorgane auch maßgeblichen Einfluss auf das Unternehmen ausüben. So ist eine weitgehende Personenidentität zwischen Stiftungsvorstand und Unternehmensleitung möglich.[70] Darüber hinaus unterliegen Familienstiftungen nicht oder nur eingeschränkt der staatlichen Aufsicht.[71]

1.3.2.3 Komplementärstiftung (Stiftung & Co. KG)

In einer Kommanditgesellschaft kann die Stiftung auch die Stellung des einzigen persönlich haftenden Gesellschafters einnehmen. Dieses Modell kommt bei Familienunternehmen in der Regel dann in Betracht, wenn der Stifter daran interessiert ist, Unternehmensführung und Gesellschafterstellung voneinander zu trennen. Die Familie bleibt also vermögensrechtlich am Unternehmen beteiligt, während der Stiftungsvorstand der Komplementärstiftung die Geschäftsführung der Kommanditgesellschaft übernimmt. Da die Stiftung in diesem Fall als Führungsinstrument eingesetzt wird und die Stiftungsaufsicht über die Komplementärstiftung in das Unternehmen eingreifen könnte, wird empfohlen, eine Familienstiftung als Komplementärstiftung zu wählen. In die Stiftungssatzung muss damit neben der Übernahme der Geschäftsführung und der persönlichen Haftung bei der KG eine Familienkomponente, also z.B. die Unterstützung von Familienangehörigen oder die Ausübung der Geschäftsführung im Familieninteresse, aufgenommen werden. Darüber hinaus wird die Erhaltung des Unternehmens als Familienunternehmen in diesem Kontext ein zentrales Motiv des Stifters sein.[72]

70 Vgl. Berndt (2009), S. 409 und 421.
71 Vgl. Berndt (2009), S. 171.
72 Vgl. Hennerkes / Binz / Sorg (1986b), S. 2269.

1.4 Themenrechtfertigung

Für die Ausgangsfrage, ob mit der unternehmensverbundenen Stiftung bestimmte für Familienunternehmen typische Konflikte, die im Schnittfeld zwischen Familie, Unternehmen und Gesellschaftern bestehen, beseitigt werden können oder ob diese unverändert, verstärkt, abgeschwächt oder in veränderter Form weiter bestehen, ist daher folgendes festzuhalten: Zunächst sind einige dieser typischen Schnittstellenkonflikte zu benennen, zu erläutern und voneinander abzugrenzen (Kapitel 2). Daraufhin wird in Kapitel 3 – das den Schwerpunkt der Arbeit bildet – aus dem Blickwinkel der Theorie überprüft, ob und inwieweit diese Schnittstellenkonflikte mit der gemeinnützigen Stiftung, der Familienstiftung und der Stiftung & Co. KG behoben werden können. In Kapitel 4 werden die Ergebnisse von fünf ausgewählten Interviews mit Stiftern zu diesem Themenkomplex vorgestellt und vor dem Hintergrund der Ergebnisse aus Kapitel 3 reflektiert. Kapitel 5 fasst die Ergebnisse der theoretischen und empirischen Untersuchung zusammen und versucht, aus den gewonnenen Erkenntnissen Handlungsempfehlungen für zukünftige Stifter abzuleiten.

Ziel dieser Diplomarbeit ist es, auf die oben aufgeworfene Frage, die bisher in der Literatur wenig und nicht systematisch erörtert wurde, eine Antwort zu finden.

2 Die Schnittstellenkonflikte des Familienunternehmens

2.1 Ableitung und Abgrenzung der Konflikte

Ein Blick in die Literatur zu Familienunternehmen zeigt, dass die sich aus den Paradoxien ergebenden Schnittstellenkonflikte von Familienunternehmen wenig systematisch beschrieben werden. Das trifft auf einzelne Konflikte mehr zu, wie bspw. auf den Mehrheiten-Minderheiten-Konflikt, auf andere Konflikte weniger, wie die Sicherstellung einer qualifizierten Nachfolge. Im Folgenden werden die bei der Recherche besonders häufig beschriebenen Schnittstellenkonflikte benannt und die sich dahinter verbergenden Interessenkonflikte kurz erklärt und voneinander abgegrenzt.

2.2 Mehrheiten – Minderheiten

Der Mehrheiten-Minderheiten-Konflikt bewegt sich an der Schnittstelle zwischen Familie und Gesellschaftern. Hier geht es um den Aspekt der Verteilung der Stimmrechte unter den Gesellschaftern. Auslöser für diesen Konflikt ist, dass die Familie von der Gleichberechtigung aller Familienmitglieder geprägt ist, so dass aus dieser Logik die Stimmrechte unter den Gesellschaftern auch gleich verteilt sein sollten. Selbst wenn Gesellschaftsanteile und Stimmrechte auf die Nachkommen gleich verteilt werden, kann es ab der dritten Generation, sofern es sich bei der zweiten Generation um eine Geschwister-Partnerschaft[73] handelt, zu einer ungleichen Verteilung der Anteile unter den Cousins kommen, wenn die Geschwister der zweiten Generation unterschiedlich viele Kinder haben. Auf der Seite der Gesellschafter führt jede wie auch immer geartete Vererbung von Anteilen zu einer Verteilung der Anteile und Stimmrechte, die in der Regel unabhängig von der fachlichen Qualifikation und den familiären Verdiens-

[73] Vgl. Gersick et al. (1997), S. 39 ff. Die Mehrheiten-Minderheiten-Problematik besteht folglich beim Typus „The growing and evolving family business", S. 155 sowie beim „Complex Family Enterprise", S. 178 und 181; Vgl. ebenso Kirchdörfer / Kögel (2000), S. 232 f. zum Typus (Stammes-) Familienunternehmen.

ten der einzelnen Gesellschafter sind, die aber rechtlich bei allen Entscheidungen der Gesellschafter maßgeblich sind. Da Menschen ihren Selbstwert im Vergleich mit anderen definieren, können Konflikte entstehen, weil einzelne Familiengesellschafter nicht in dem Maße an der Beschlussfassung beteiligt werden, die ihrer subjektiven und/oder objektiven Bedeutung für das Unternehmen entspricht.[74] So kann ein Gesellschafter, der sich für das Unternehmen interessiert und engagiert, es als ungerecht empfinden, dass er im Vergleich zu anderen Gesellschaftern, die dieses Interesse und Engagement nicht aufbringen, nicht über den Einfluss verfügt, der seinem verstärkten Einsatz entspricht. Auch in der Geschäftsführung tätige Gesellschafter können es auf Grund des Grades ihrer Aktivität im Unternehmen als ungerecht empfinden, ggf. nicht über Stimmrechte zu verfügen, die ihnen einen stärkeren Einfluss ermöglichen.[75]

Eine weitere Ausprägung des Konflikts besteht darin, dass auch im Familienunternehmen zwischen Mehrheits- und Minderheitseignern beträchtliche Informationsasymmetrien über das Unternehmen vorliegen können. Daher bestehen bei beherrschenden Gesellschaftern erhebliche Anreize zu opportunistischen Satzungsänderungen auf Kosten der Minderheitsgesellschafter, so dass diese berechtigter Weise Informationsrechte einfordern und an der Willensbildung des Unternehmens zumindest in Fragen von grundlegender Bedeutung beteiligt werden wollen.[76]

Eine besondere Ausprägung des Mehrheiten-Minderheiten-Konflikts sind Patt-Situationen in der Gesellschafterversammlung. Stehen sich dort zwei Gesellschafter oder zwei Gruppen (z.B. zwei Familienstämme) von Gesellschaftern gegenüber, die jeweils exakt die Hälfte der Stimmanteile halten und sich nicht einigen können, ist eine Beschlussfassung nicht möglich, da keine/r der Gesellschafter/der Gruppen über die Mehrheit der Stimmen verfügt.[77]

[74] Vgl. Schlippe / Kellermanns (2009), S. 187.
[75] Vgl. Fabis (2007), S. 239 f.
[76] Vgl. Kirchdörfer / Kögel (2000), S. 229 ff.
[77] Vgl. Fabis (2007), S. 287 f.

Während Patt-Situationen Entscheidungen unmöglich machen, besteht in den anderen Fällen die große Gefahr, dass die Mehrheitsgesellschafter ihre Interessen durchsetzen bzw. die unzufriedenen Minderheitsgesellschafter die Beschlussfassung der Gesellschaft ohne Rücksicht auf die Interessen des Unternehmens und der anderen Gesellschafter pauschal z.B. bei vom Gesellschaftsvertrag geforderter Einstimmigkeit torpedieren und damit das Unternehmen lähmen.

2.3 Geschäftsführender Gesellschafter – Fremdgeschäftsführer

Diese Schnittstelle umfasst alle drei Kreise. Es sind zwei Ebenen zu berücksichtigen: die Zusammenarbeit zwischen geschäftsführendem Gesellschafter und Fremdgeschäftsführer sowie die Ersetzung des geschäftsführenden Gesellschafters durch Fremdgeschäftsführer. Auf beiden Ebenen geht es um die Frage der Qualifikation. Insbesondere große Familienunternehmen, die eine über mehrere Generationen andauernde Familientradition aufweisen,[78] beschäftigen sich mit dieser Fragestellung. Aus Unternehmensperspektive wird dabei argumentiert, dass nur fachlich und persönlich exzellent qualifiziertes Personal in der Lage ist, das immer komplexer werdende Unternehmen in eine erfolgreiche Zukunft zu führen.[79] Gibt es demnach auf dem Arbeitsmarkt bessere fachlich und persönlich qualifizierte Manager als Familienmitglieder, sind diese auszuwählen. Auch die Gesellschafter, deren familiäre Bindung untereinander in diesem Stadium sehr viel geringer ist, werden diese Argumentation in der Hoffnung auf eine höhere Rendite unterstützen. Demgegenüber stehen Familienmitglieder (oder auch rivalisierende Stämme), die sich aus Traditionsbewusstsein und auf Grund Ihrer Bindung untereinander (oder aus machtpolitischen Gesichtspunkten) wünschen, dass Familienmitglieder Managementfunktionen übernehmen. Auf Grund dieser gegensätzlichen Interessen kann es zum

---

78 Kirchdörfer / Kögel verwenden hierfür den Typus fremdgeführtes Familienunternehmen, vgl. Kirchdörfer / Kögel (2000), S. 233 f.; die Problematik wird auch beim Typus „The Complex Family Enterprise“ angesprochen, vgl. Gersick et al. (1997), S. 187, ebenso aber auch schon beim Typus „The growing and evolving family business“, S. 168 f.

79 Vgl. Klein (2004), S. 246 ff.; Vgl. Mertens (2004), S. 17 ff.

Konflikt bei der Frage kommen, ob Familienfremde oder Familienmitglieder die Geschäftsführung übernehmen sollen.

Sofern sich das Familienunternehmen für eine Zusammenarbeit zwischen familienangehörigen und familienfremden Managern entscheidet, können weitere Konflikte entstehen. Ein geschäftsführender Gesellschafter hat nicht nur ein berufliches Interesse an der erfolgreichen Erfüllung seiner Aufgabe im Unternehmen, sondern zugleich das persönliche Interesse am Werterhalt seiner Beteiligung. Sein persönliches Schicksal ist mit dem Unternehmensschicksal fest verbunden. Der Fremdgeschäftsführer demgegenüber hält in der Regel keine Anteile, bezieht also nur ein Gehalt aus dem Unternehmen und versucht, dieses zu maximieren.[80] Er ist daher eher bereit, mehr Risiko einzugehen, auf ein stärkeres Wachstum zu setzen und Innovationen zu wagen, denn wenn es schief geht, verliert er im Zweifel „nur" seine Anstellung. Diese unterschiedlichen Interessen können erhebliches Konfliktpotenzial beinhalten, die beim Fremdgeschäftsführer zu Frustration wegen des Beharrungsvermögens des familienangehörigen Geschäftsführers führen können, besonders dann, wenn der geschäftsführende Gesellschafter qua größerer formaler Macht seine Meinung durchsetzen kann.[81]

2.4 Kontrolle – Freiheit der Geschäftsführung

Dieser zwischen Unternehmen und Gesellschaftern angesiedelte Schnittstellenkonflikt ist überall dort ein Problem, wo Eigentum und Führung nicht bei exakt deckungsgleichen Personenkreisen liegen.[82] Hierbei sind wieder zwei Ebenen zu unterscheiden, nämlich die vollständige personelle Trennung zwischen den Gesellschaftern und den Personen, die das Unternehmen führen, und die teilweise Überschneidung. So können im Familienunternehmen ausschließlich Fremdmanager das Unternehmen führen. Auf Seiten der Gesell-

80 Vgl. Habig / Berninghaus (2004), S. 112 f.

81 Vgl. Klein (2004), S. 248; Vgl. Mertens (2004), S. 19f.

82 Demnach spielt es beim Typus „Einzelunternehmer" wie auch beim Typus „Founders and the Entrepreneurial Experience" (in der Regel) keine Rolle, vgl. Kirchdörfer / Kögel (2000), S. 232; Vgl. Gersick et al. (1997), S. 135 ff.

schafterfamilie entstehen dadurch, außer bei einem Näheverhältnis einzelner Gesellschafter zum Fremdmanagement, keine Interessengegensätze. In diesem Fall sind keine Unterschiede zu einer klassischen Publikumsgesellschaft erkennbar. Anders verhält es sich, wenn einzelne Anteilseigner auch in der Geschäftsführung vertreten sind.[83]

In beiden Fällen soll die Kontrolle repressiv zur Aufdeckung und präventiv zur Verhinderung von Verhaltensweisen des Managements dienen, die nicht im Sinne der Familiengesellschafter sind. Ursache für das Kontrollbedürfnis der Gesellschafter ist das sog. Principal-Agent-Problem.[84] Die Geschäftsführung hat gegenüber den Gesellschaftern, die nicht der Geschäftsführung angehören, einen Informationsvorsprung, da sie durch ihre Tätigkeit einen tieferen Einblick in das Unternehmen hat. Dieser Informationsvorsprung kann zu opportunistischem Verhalten führen. So verfolgt ein angestellter Manager in erster Linie Karriereinteressen. Da sein Anstellungsvertrag gewöhnlich zeitlich befristet ist, wird er versuchen, in diesem Zeitraum sein Gehalt zu maximieren. Da er keine Anteile hält, wird er bereit sein, höhere Risiken für das Unternehmen einzugehen. Demgegenüber haben die Gesellschafter Informationsnachteile, sie verfügen über weniger Unternehmenskenntnisse. Sie haben deshalb ein Interesse an Informations- und Mitwirkungsrechten, um opportunistisches Verhalten des Managements durch eine Verringerung des Entscheidungsspielraums des Managements zu verhindern und in ihrem Sinne langfristige Investitionsziele zu verfolgen. Eine besondere Brisanz erfährt der Konflikt, wenn einzelne Gesellschafter auch Mitglied der Geschäftsführung sind. Durch die unterschiedliche tatsächliche Nähe zum Unternehmen können sich die oben beschriebenen Interessen zwischen Gesellschaftern und Managern vermischen. Sofern neben den Informationsasymmetrien auch Unterschiede in den tatsächlichen Einflussnahmemöglichkeiten vorliegen, kann bei den Gesellschaftern, die nicht operativ tätig sind, schnell Misstrauen entstehen, wenn die Entscheidungen derjenigen, die sowohl Gesellschafter sind als auch dem Management angehören,

---

83 Vgl. May (1998), S. 362.
84 Zur Principal-Agent-Theorie, vgl. Richter / Furubotn (2003), S. 173 ff.

nicht nachvollziehbar sind.[85] Insbesondere bei Familienunternehmen in der Rechtsform der Personengesellschaft mit einem umfangreichen Anteilseignerkreis besteht zudem das Problem, dass die Gesellschafterversammlung als Kontrollorgan ungeeignet ist, weil einige Gesellschafter weder über die Motivation noch die fachlichen Qualifikationen zur Ausübung der Kontrolle verfügen. Dieser Schnittstellenkonflikt birgt also die Gefahr, dass die eigentlich vorgesehene Kontrollfunktion in den Hintergrund tritt und eine effiziente Kontrolle zu Lasten des Unternehmens nicht mehr stattfindet.

2.5 Strategie – Tagesgeschäft

Dieser Schnittstellenkonflikt besteht zwischen dem Unternehmen und den Gesellschaftern. Wiechers beschreibt als Ziel der Strategiearbeit, „die Organisation in ein angemessenes Verhältnis zu jener Zukunftswahrnehmung zu setzen, um somit für die eigene, zukünftige Reproduktionsfähigkeit vorzusorgen".[86] Beim Strategieprozess in Familienunternehmen ist zu beobachten, dass geschäftsführende Gesellschafter in der Regel ein persönliches Zukunftsbild für ihr Unternehmen aus ihrer Stellung im Unternehmen und im Gesellschafterkreis heraus entwerfen, so dass sich die zu treffenden strategischen Entscheidungen an einer oder ggf. an sehr wenigen Stellen der Unternehmensspitze bündeln. Diese Strategieentwicklung, die Wimmer/Nagel als „intuitiv"[87] bezeichnen, ist hinsichtlich des Vorgehens und des Ergebnisses eher impliziter Natur und wird in der Regel nicht offen kommuniziert. Dieses Vorgehen ermöglicht dem Unternehmen zwar reduzierte Kosten der Entscheidungsfindung bei gleichzeitig hoher Flexibilität. Die in vielen Familienunternehmen noch immer anzutreffenden patriarchalischen Führungsformen führen aber dazu, dass sich keine Führungsstrukturen und -kompetenzen bilden können. Das Strategiewissen wird in diesen Strukturen zum patriarchalischen Geheimwissen, so dass damit zwangsläufig das operative Geschäft im Unternehmen eine allgegenwärtige Dominanz

[85] Vgl. Fabis (2007), S. 197 f.; Vgl. May (1998), S. 362; Vgl. Kirchdörfer / Kögel (2000), S. 229 ff.
[86] Wiechers (2006), S. 260 f.
[87] Wimmer / Nagel (2006), S. 35 ff.

bekommt. Insofern besteht für das Unternehmen die große Gefahr, der Einschätzung einer Person ausgeliefert zu sein. Darüber hinaus bleibt im Unternehmen vorhandene Kompetenz und Intelligenz ungenutzt, was angesichts der heutigen sozioökonomischen Rahmenbedingungen einer immer komplexer werdenden und sich verändernden Umwelt schwer wiegen kann, da ggf. Trends und Entwicklungschancen am Markt verschlafen werden, so dass schlimmstenfalls die Zukunft des Unternehmens auf dem Spiel steht. Diese Interessen werden daher die (Minderheits-)Gesellschafter gegenüber dem geschäftsführenden Gesellschafter geltend machen und damit ihr Interesse nach mehr Einbezug in den Strategieprozess zum Ausdruck bringen.[88] Die beschriebene Konstellation kann also zu Konflikten zwischen geschäftführendem Gesellschafter und (Minderheits-)Gesellschaftern führen, und zwar vor allem bei Familienunternehmen, die stark von der Bindung zu einer oder wenigen Personen geprägt sind.[89]

2.6 Ausschüttung – Thesaurierung

Dieser Konflikt bewegt sich wiederum an der Schnittstelle zwischen Unternehmen und Gesellschaftern. Diejenigen Familiengesellschafter, die sich mit dem Familienunternehmen in hohem Maße verbunden fühlen, bzw. diejenigen, die neben ihrer Gesellschafterrolle auch im Unternehmen arbeiten, z.B. als Geschäftsführer, haben tendenziell ein Interesse an höchstmöglicher Selbstfinanzierung des Unternehmens. Sie wollen also die Eigenkapitaldecke stärken und präferieren daher die Thesaurierung von Gewinnen. Die erwirtschafteten Überschüsse sollen für die weitere Entwicklung des Unternehmens, also für Investitionen sowie Forschung und Entwicklung zur Verfügung stehen.[90] Demgegenüber stehen diejenigen Gesellschafter, die sich dem Familienunternehmen nicht besonders verbunden fühlen bzw. diejenigen Gesellschafter, die nicht im Unternehmen arbeiten. Sie sind an (hohen) Ausschüttungen interessiert, besonders

---

88 Vgl. Habbershon / Astrachan (1997), S. 38 f.

89 Das trifft im Regelfall auf den Typus „Einzelunternehmer“, aber auch auf den Typus „(Stammes-)Familienunternehmen“ zu, vgl. Kirchdörfer / Kögel (2000), S. 232 ff. bzw. auf den Typus „Founders and the Entrepreneurial Experience“ sowie „The Growing and Evolving Family Business“, vgl. Gersick et al. (1997), S. 147 f. und S. 167.

90 Vgl. Hennerkes / Kirchdörfer (1998), S. 77; Vgl. ebenso Gersick et al. (1997), S. 129.

dann, wenn das ihre Lebensumstände erfordern. Sie erwarten also als Anteilseigner eine gewisse Mindestrendite für ihr Investment, da sie sich sonst gezwungen sehen, ihr Portfolio zugunsten anderer Anlagen umzuschichten.[91] Diese Interessengegensätze können Konflikte innerhalb des Gesellschafterkreises nach sich ziehen, unter anderem auch deshalb, weil im Rahmen der Aufstellung und Feststellung des Jahresabschlusses Raum für bilanzpolitische Maßnahmen besteht, der je nach Interesse unterschiedliche Gestaltungsmöglichkeiten zulässt. Streit kann sich also auch an der Frage entzünden, wer für die Ermittlung des Unternehmensergebnisses zuständig ist. Die Ausschüttungs-Thesaurierungs-Thematik kann grundsätzlich bei jedem Typus von Familienunternehmen auftreten, sie kommt aber besonders dann vor, je zersplitterter der Eigentümerkreis ist und je geringer die persönlichen Bindungen der Gesellschafter untereinander und zum Unternehmen sind.[92]

2.7 Sicherstellung einer qualifizierten Nachfolge

Die Sicherstellung einer qualifizierten Nachfolge – eines der erfolgskritischsten Themen bei Familienunternehmen[93] – birgt sowohl an der Schnittstelle zwischen Familie und Unternehmen als auch an der Schnittstelle zwischen Familie und Gesellschaftern Konflikte.

An der Schnittstelle zwischen Familie und Unternehmen geht es dabei um den zur Geschäftsführung berufenen Personenkreis. Dabei ist der Wunsch von Eltern bzw. der Familie groß, dass die eigenen Kinder bzw. Familienmitglieder die Geschäftsführung übernehmen.[94] Dieser Wunsch ist darin begründet, dass ei-

---

91 Vgl. Hennerkes / Kirchdörfer (1998), S. 75; Vgl. ebenso Gersick et al. (1997), S. 156.

92 So beim Typus „(Stammes-)Familienunternehmen“ oder beim Typus „fremdgeführtes Familienunternehmen“, vgl. Kirchdörfer / Kögel (2000), S. 232 ff. bzw. beim „The growing and evolving Family Business“ und „The Complex Family Enterprise“, vgl. Gersick et al. (1997), S. 156 f. und S. 182.

93 Etwa 35% der Unternehmen überleben den Sprung in die zweite Generation nicht. Beim Übergang auf die dritte bleiben 65% und auf die vierte Generation sogar 85% der Unternehmen auf der Strecke, vgl. Hennerkes (1998b), S. 373.

94 Eine familieninterne Nachfolge ist in etwa 44% der Familienunternehmen angedacht, vgl. Institut für Mittelstandforschung IfM Bonn (2009), http://www.ifm-bonn.org/index.php?id=111, Abruf am 7. März 2010, 13:20 Uhr.

nem Familienmitglied im Vergleich zu einem Fremden größeres Vertrauen entgegen gebracht wird und durch die Besetzung der Geschäftführung mit Familienmitgliedern die Familientradition und die emotionale Verbindung zum Unternehmen aufrecht erhalten werden soll. Elternteile, die nicht im Unternehmen tätig sind, tendieren jedoch dazu, die persönlichen und fachlichen Eigenschaften ihrer Kinder zu überschätzen. Diese Gefahr sehen vor allem diejenigen Elternteile und Familienmitglieder, die auch operativ im Unternehmen tätig sind oder waren. Sie erkennen, dass die Führung des Familienunternehmens durch Familienmitglieder nur dann zum Erfolg führt, wenn die Nachfolger über die notwendigen fachlichen und persönlichen Qualifikationen verfügen.[95] Der Wunsch der Eltern nach einer familieninternen Nachfolge vermischt sich also mit einer teilweise tief sitzenden Skepsis.[96] Teilweise ist auch ein regelrechtes Misstrauen gegenüber den eigenen Kindern zu beobachten. So können sich Unternehmereltern oft nur schwer vorstellen, dass das Unternehmen anders geführt werden kann, als es bisher üblich war – erst recht dann nicht, wenn den eigenen Kindern mangelnde Motivation und Identifikation mit dem Unternehmen vorgeworfen wird. In diesem Spannungsfeld müssen die Junioren für sich klären, ob sie die Nachfolge antreten wollen und sich diese Aufgabe zutrauen. Konflikte sind damit vorprogrammiert, insbesondere dann, wenn die Thematik in der Familie nicht oder nicht offen und/oder zu spät thematisiert wird. Der Wunsch, dass Familienmitglieder auch operativ im Unternehmen tätig sind, ist unabhängig vom Typus des Familienunternehmens. Er wird aber eine geringere Rolle spielen, je zersplitterter der Anteilseignerkreis ist. Außerdem lässt sich feststellen, dass dieser Konflikt bei der Übergabe von der Gründergeneration auf die zweite Generation besonders ausgeprägt ist, da die Nachfolgefrage durch die starke familiäre Bindung schon früh als implizite Erwartung an die Nachkommen herangetragen wird, was komplexere Konflikte hervorruft.[97]

Beim Konflikt zwischen Familie und Gesellschaftern stellt sich zum einen die Frage, welcher Personenkreis die Geschäftsführung wählen/abberufen darf.

---

95 Vgl. Hennerkes / Kirchdörfer (1998), S. 67 f.
96 Vgl. Wimmer / Gebauer (2009), S. 58.
97 Vgl. Wimmer / Gebauer (2009), S. 58 ff.

Aus Familiensicht besteht das Interesse, aus Verbundenheit zum Unternehmen selbst Einfluss darauf zu haben, die Auswahl also von Familienmitgliedern bzw. -gesellschaftern durchführen zu lassen. Aus Gesellschaftersicht vermischt sich dies mit dem Interesse, dass die Wahl der Geschäftsführer nicht von emotionalen Gründen, sondern von der Qualifikation geprägt ist. Aus deren Sicht spricht einiges für eine Formalisierung des Auswahlprozesses und die Einberufung eines Beirates, der auch mit unabhängigen, familienfremden Personen besetzt ist.[98] Im Falle der Abberufung eines Geschäftsführers gilt dasselbe: Die Gesellschafter, die zu dem Betroffenen eine stärkere familiäre Bindung haben, werden dieses Ansinnen sehr wahrscheinlich blockieren, so dass die Gefahr besteht, dass nicht aus sachlichen, sondern emotionalen Gründen entschieden wird. Auch hier dürften die anderen Gesellschafter für ein unabhängiges Gremium plädieren.[99]

Zum anderen kann sich der Konflikt an der Frage entzünden, ob die Gesellschaftsanteile überhaupt in der Hand der Familie erhalten werden sollen oder andere Wege zur Sicherung der Unternehmenskontinuität gegangen werden. Während Familienmitglieder auf Grund der familiären Verbundenheit und Tradition die interne Vermögensnachfolge befürworten, kann sich erneut Misstrauen gegenüber den eigenen Kindern bei denjenigen Familienmitgliedern einstellen, die auch Gesellschafter sind. So könnten diese ihren Kindern vorhalten, sich nicht genug mit dem Unternehmen zu identifizieren und dadurch die Gefahr sehen, dass die Nachfolger das Unternehmen nicht erhalten, sondern als Ganzes verkaufen wollen.

2.8 Beteiligung familienfremder Dritter – geschlossene Familiengesellschaft

Dieser Konflikt spielt sich an der Schnittstelle zwischen Familie und Gesellschaftern ab und ist insbesondere beim Typus „The Complex Family Enterpri-

98 Vgl. Hennerkes / Kirchdörfer (1998), S. 69 f.
99 Vgl. Fabis (2007), S. 182.

se", aber auch beim Typus „The growing and evolving Family Business", respektive beim Typus „Fremdgeführtes Familienunternehmen" bzw. (Stammes-)Familienunternehmen zu beobachten.[100] Zu den grundlegenden Interessen einer Unternehmerfamilie zählt der Wunsch, das Unternehmen als Ganzes im Eigentum der Familie zu erhalten und im Sinne der Gründer fortzuführen. Neben emotionalen Gründen wie dem Traditionsbewusstsein, spielen auch ökonomische Gründe hierfür eine Rolle. So soll das Unternehmen als Einnahmequelle für die Familie erhalten werden und als berufliches Betätigungsfeld für die Familie dienen. Hierfür muss jedoch sichergestellt werden, dass Gesellschafter ihre Anteile nicht an Familienfremde veräußern können.[101] Allerdings können Sachverhalte auftreten, in denen die Erhaltung des Unternehmens als Familienunternehmen nur möglich ist, wenn familienfremde Dritte beteiligt werden. Dies ist bspw. der Fall, wenn das Unternehmen zur Erhaltung der Wettbewerbsfähigkeit auf Investitionen und damit auf frisches Kapital angewiesen ist, das aus dem Kreis der Familiengesellschafter aber nicht aufbracht werden kann. Dies kommt bspw. in Betracht, wenn sich eine günstige Gelegenheit zur Übernahme eines Wettbewerbers ergibt oder wenn ein neuer Geschäftsbereich eröffnet werden soll.[102] Dann kann sich Streit an der Frage entzünden, ob und in welchem Umfang familienfremde Kapitalgeber am Familienunternehmen beteiligt werden und vor allem, in welchem Umfang diesen Mitspracherechte eingeräumt werden sollen.[103] Lässt sich der Streit nicht lösen, besteht die Gefahr, dass dem Unternehmen die notwendigen Mittel für eine erfolgreiche Weiterentwicklung fehlen.

2.9 Kündigung – Ausschließung – Abfindung

Dieser Konflikt betrifft die Schnittstellen aller drei Kreise und grundsätzlich jeden Typus von Familienunternehmen. Insbesondere bei dauerhaften Konflikten, bspw. zwischen Ausschüttung und Thesaurierung, kann die Gefahr bestehen,

---

[100] Vgl. Gersick et al. (1997), S. 159 f. und S. 183; Vgl. Kirchdörfer / Kögel (2000), S. 232 ff.
[101] Vgl. Hennerkes / Kirchdörfer (1998), S. 96.
[102] Vgl. Fabis (2007), S. 332.
[103] Vgl. Hennerkes / Kirchdörfer (1998), S. 106.

dass Minderheitsgesellschafter – sofern keine andere Lösung für das Problem gefunden wird – ihren Gesellschaftsanteil kündigen wollen. Aus dem familiären Zusammengehörigkeitsgefühl heraus werden die anderen Familienmitglieder den Kündigungswilligen im Boot behalten wollen. Demgegenüber steht aber auch das berechtigte Interesse der anderen Gesellschafter, nicht interessierten und nicht engagierten Mitgesellschaftern die Möglichkeit einzuräumen, das Unternehmen zu verlassen, um in der Zukunft weitere Konflikte zu verhindern. Das Ausscheiden eines Gesellschafters zieht aus Unternehmenssicht darüber hinaus den Abfluss von Kapital und Liquidität nach sich, was ggf. noch durch eine zu zahlende Abfindung verschärft wird. Für viele Familienunternehmen stellt dies eine ernst zu nehmende Bedrohung dar.[104]

Darüber hinaus kann es vorkommen, dass einzelne Mitgesellschafter gegen ihren Willen aus der Gesellschaft ausgeschlossen werden, sofern sie sich außerhalb des gemeinsamen Konsenses der Familiengesellschafter bewegen und damit dem Unternehmen schaden.[105] Aus Familienperspektive ist der Auszuschließende ein gleichberechtigtes Familienmitglied, dem sein Unternehmensanteil wie jedem anderen Familienmitglied zusteht. Demgegenüber haben die Familienmitglieder als Gesellschafter aber auch das Interesse, handlungsfähig zu bleiben, um der Gesellschafterfunktion für das Unternehmen gerecht werden zu können. Ein solcher Konflikt kann innerhalb des Gesellschafterkreises zu großem Streit führen, da diejenigen Gesellschafter, die dem Auszuschließenden besonders persönlich verbunden sind, nicht nur sachliche Gründe, sondern auch machtpolitische Gründe hinter der Ausschließung vermuten. Wie oben beschrieben besteht aus Unternehmensperspektive auch hier die Gefahr eines Kapital- und Liquiditätsabflusses.[106]

Bezüglich einer möglichen Abfindungszahlung werden die verbleibenden Gesellschafter das Interesse haben, diese so gering wie möglich zu halten, um

---

[104] Vgl. Fabis (2007), S. 318 f.

[105] Dies kann beispielsweise durch eine dauerhafte, nicht auf berechtigten Interessen beruhende Blockade der Beschlussfassung geschehen, vgl. hierzu Wälzholz (2005b), S. 286 f.

[106] Vgl. Wälzholz (2005a), S. 346.

dem Unternehmen nicht zu schaden, sie aber gleichzeitig so anzusetzen, dass der Anreiz zum Ausstieg hoch genug ist. Demgegenüber steht der Kündigende/Auszuschließende, der versuchen wird, die Abfindungszahlung zu maximieren. Die Frage der Abfindung kann also auch erhebliche weitere Konflikte auslösen.[107]

2.10 Fazit

Wie bei der Ableitung der Schnittstellenkonflikte zu sehen ist, können die Interessen der Familie, der Gesellschafter und des Unternehmens je nach Konflikt und Unternehmenstypus variieren. Während die Gesellschafter bei Konflikten mit der Familie eher die Interessen des Unternehmens verfolgen, und sich daher bspw. für Kriterien der Qualifikation bei der Auswahl der Geschäftsführung aussprechen, werden sie bei Konflikten im Schnittfeld zwischen Gesellschaftern und Unternehmen eher als Investoren denken und bspw. für höhere Ausschüttungen plädieren.

Teilweise kann ein Konflikt auch einen anderen auslösen. Insbesondere Mehrheiten-Minderheiten-Konflikte oder der Konflikt Kündigung – Ausschließung – Abfindung sind in der Regel die Folge von voraus gegangenen Konflikten.

Auch die Abgrenzung der Konflikte untereinander ist nicht immer ganz einfach. So spielt die Erhaltung des Unternehmens als Familienunternehmen bei der Vermögensnachfolge eine Rolle, bei der die Gefahr bestehen kann, dass uninteressierte Nachfolger das Unternehmen als Ganzes verkaufen wollen. Sie spielt ebenfalls bei der Frage eine Rolle, ob und in welchem Umfang ggf. familienfremde Gesellschafter am Unternehmen beteiligt werden sollen, um das Unternehmen langfristig sichern zu können, und auch bei der Frage, wenn einer oder mehrere Gesellschafter ihre Anteile kündigen wollen.

[107] Vgl. Hennerkes / Kirchdörfer (1998), S. 94.

Im nun folgenden Kapitel soll der eigentlichen Kernfrage nachgegangen werden, ob und inwieweit die hier beschriebenen Konflikte mit der gemeinnützigen Stiftung, der Familienstiftung und der Stiftung & Co. KG gelöst werden können.

3 Die gemeinnützige Stiftung, die Familienstiftung und die Stiftung & Co. KG als Möglichkeit zur Lösung der Schnittstellenkonflikte

3.1 Vorgehen

In diesem Kapitel soll der Frage nachgegangen werden, ob und inwieweit die in Kapitel 2 beschriebenen Schnittstellenkonflikte mit Hilfe der gemeinnützigen Stiftung, der Familienstiftung sowie der Stiftung & Co. KG aus der Perspektive der Theorie vermieden werden können. Dabei wird zunächst geklärt, welche grundsätzliche Auswirkung die Rechtsform der Stiftung auf den Schnittstellenkonflikt hat. Auch wenn sich als Ergebnis dieses ersten Schrittes die Lösung des Konfliktes andeutet, soll in einem zweiten Schritt der Frage nachgegangen werden, ob trotzdem die Gefahr besteht, dass der Konflikt auf die Stiftung verlagert wird. Sofern dies der Fall ist, soll in einem dritten Schritt aufgezeigt werden, wie eine Übertragung des Konflikts auf die Stiftung vermieden werden kann.

Damit die Überlegungen verständlich werden, sind sie bei den ersten Schnittstellenkonflikten etwas ausführlicher beschrieben. Bei den weiteren Schnittstellenkonflikten kann dann darauf zurückgegriffen werden.

3.2 Mehrheiten – Minderheiten

3.2.1 Gemeinnützige Stiftung

Wie im Einleitungskapitel beschrieben, haben Stiftungen weder Eigentümer noch Mitglieder.[108] Wenn die Gesellschaftsanteile eines Unternehmens auf eine gemeinnützige Stiftung übertragen worden sind, kann es also grundsätzlich keine Konflikte wegen der Verteilung der Stimmrechte unter den Gesellschaftern

[108] Vgl. Berndt (2009), S. 58.

mehr geben, da die Stiftung keine Eigentümer und damit keine Gesellschafter hat. Der Konflikt ist damit grundsätzlich gelöst.

An die Stelle der Gesellschafter treten die Stiftungsorgane, die den in der Stiftungssatzung festgeschriebenen Willen des Stifters umsetzen. Eventuell könnte sich der Mehrheiten-Minderheiten-Konflikt daher auf die Stiftungsorgane verlagern und damit ggf. weiterhin Auswirkungen auf das Unternehmen haben.

§ 81 Abs. 1 Nr. 5 BGB schreibt als einziges Organ der Stiftung den Vorstand vor. Seine Größe und Funktion richten sich nach der konkreten Geschäftstätigkeit der Stiftung. Wie oben beschrieben, können darüber hinaus auch freiwillige Kontrollorgane wie das Kuratorium eingerichtet werden.[109] Wie der Vorstand, wird auch das Kuratorium in der überwiegenden Zahl der Fälle aus mehreren Personen bestehen.[110] Sofern Abhängigkeitsverhältnisse unter den Organmitgliedern bestehen,[111] könnten sich Mehrheiten ergeben, die die Stiftung in ihrem Sinne beeinflussen oder gar zu ihren Zwecken missbrauchen wollen.

Es ist aber davon auszugehen, dass solche Konstellationen bei der gemeinnützigen Stiftung sehr unwahrscheinlich sind. Zum einen können diese durch eine entsprechende Besetzung der Organe durch den Stifter bzw. durch Regelungen in der Stiftungssatzung vermieden werden. Bei Kuratoriumsmitgliedern, deren Tätigkeit sich auf Funktionen wie Kontrolle oder Beratung beschränkt, tritt die Gefahr der Fremdbestimmung der Stiftung mangels ihres Zuständigkeitsbereichs in den Hintergrund, so dass Mehrheitsbildungen hier unwahrscheinlich sind. Darüber hinaus ist festzuhalten, dass die Stiftungsgremien an den in der Stiftungssatzung objektivierten Stifterwillen gebunden sind. Sie fungieren mangels Eigentümern als Treuhänder der Stiftung.[112] Wirksam wird die Treue- und Loyalitätspflicht bspw. im Verbot der eigennützigen Wahrnehmung von Geschäftschancen. Darüber hinaus sind einzelne Organmitglieder gemäß §§ 86,

---

[109] Vgl. Schiffer (2009), S. 178 ff.
[110] Vgl. Hof (2009), S. 228.
[111] Vgl. Hof (2009), S. 227.
[112] Vgl. Hof (2009), S. 230.

28 Abs. 1, 34 BGB nicht stimmberechtigt, wenn die Beschlussfassung die Vornahme eines Rechtsgeschäfts mit ihnen oder die Einleitung oder Erledigung eines Rechtstreits zwischen ihnen und der Stiftung betrifft.[113] Zudem fördert die Stiftung gemeinnützige Zwecke, also kein unmittelbares Eigeninteresse eines Gremienmitglieds. Im Regelfall wird also kein Organmitglied, selbst wenn es sich dabei um ein Familienmitglied handeln sollte, ein Interesse an der Beeinflussung der Stiftung haben, da ihm selbst kein unmittelbarer Vorteil dadurch entsteht. Allerdings sollte festgehalten werden, dass ein mittelbares Interesse durchaus in Betracht kommen kann, wenn die Stiftung bspw. Forschungsprojekte fördert, zu denen ein Gremienmitglied einen engen beruflichen Bezug hat. Darüber hinaus existiert mit der staatlichen Stiftungsaufsicht eine Rechtskontrolle. Aus diesen Gründen ist davon auszugehen, dass einer stillschweigenden Überführung einer selbständigen Stiftung in einen von Mehrheitsbeschlüssen geprägten Verband, der damit auch auf das Unternehmen Einfluss nehmen könnte, deutliche Grenzen gezogen sind.[114]

Selbst wenn die Bildung von Mehrheiten innerhalb der Stiftungsorgane doch einmal vorkommen sollte, ist aber darauf hinzuweisen, dass diese im Regelfall nicht die in Kapitel 2.2 angesprochenen Folgen hat. Zwar könnte die Mehrheit ihre Auffassung durchsetzen. Da die Gremienmitglieder aber keine Eigentümer sind, haben die Entscheidungen keine unmittelbare Auswirkung auf sie. Eigentümerschutzrechte zugunsten der Interessen der Minderheit sind hier also nicht vorzusehen. Auch eine weitere Folge des Konflikts wird nicht auftreten. Alle Organmitglieder haben in der Regel gleichwertige Stimmen. Organintern wird nach dem Mehrheitsprinzip entschieden, wobei die absolute Mehrheit entscheidend ist. Nur bei Satzungsänderungen können auch qualifizierte Mehrheiten oder gar Einstimmigkeit verlangt sein. Auch Vetorechte, die in der Stiftungssatzung einzelnen Gremienmitgliedern vorbehalten sein können, werden regelmäßig nur in Ausnahmefällen vorgesehen sein.[115] Die Blockade von Entscheidungen der Gesellschafterversammlung durch Einzelne und damit die Lähmung der

[113] Vgl. Hof (2009), S. 229.
[114] Vgl. Hof (2009), S. 230.
[115] Vgl. Hof (2009), S. 244.

Geschäftsführung des Unternehmens, wird bei der Stiftung im Regelfall also nicht anzutreffen sein, da Einstimmigkeit oder Vetorechte grundsätzlich nicht vorgesehen sind. Gleiches gilt für Patt-Situationen, die durch ungerade Kopfzahlen in den Gremien vermieden werden können oder indem die Stimme des jeweiligen Vorsitzenden bei Stimmengleichheit den Ausschlag gibt.[116]

Entscheidend für die Ausgangsfrage ist aber, dass die eventuelle Bildung einer Mehrheit innerhalb der Stiftungsorgane im Falle der gemeinnützigen Stiftung, wenn sie in Einzelfällen wie oben beschrieben doch einmal auftreten sollte, dennoch keine negativen Auswirkungen auf das Unternehmen haben wird: Gemeinnützige Stiftungen sind bei einer Beteiligung an einer Kommanditgesellschaft als Kommanditistin von der Geschäftsführungsbefugnis, also dem „Tagesgeschäft“ ausgeschlossen.[117] Bei einer Beteiligung an einer Kapitalgesellschaft ist es den Organen der Stiftung untersagt, maßgeblichen Einfluss auf die laufende Geschäftsführung auszuüben. Im Falle der Aktiengesellschaft kann die Hauptversammlung nur über Fragen der Geschäftsführung entscheiden, wenn es der Vorstand verlangt, so dass dieser also grundsätzlich unabhängig von Weisungen der Hauptversammlung ist.[118] Im Falle der GmbH ist notwendig, sofern keine dreigliedrige Führungsorganisation ähnlich der AG gegeben ist, dass der Gesellschaftsvertrag der GmbH so ausgestaltet ist, dass die Gesellschafterversammlung keinen maßgeblichen Einfluss auf die Geschäftsführung der GmbH nehmen kann.[119] Alle beschriebenen Konstellationen führen also dazu, dass die unwahrscheinlichen Fälle der Bildung von Mehrheiten innerhalb der Stiftungsorgane einer gemeinnützigen Stiftung – auch wenn diese Mehrheit in der Hauptversammlung bzw. Gesellschafterversammlung des Unternehmens Einfluss nehmen könnte – dennoch keine negativen Auswirkungen auf das Unternehmen haben, weil der machtpolitische Einfluss der gemeinnützigen Stiftung auf die Unternehmenspolitik so begrenzt sein muss, dass eine wie auch immer geartete Beeinflussung der Geschäftsführung nicht möglich ist.

---

[116] Vgl. Hof (2009), S. 244.
[117] Vgl. Auwera (2008), S. 76 f.
[118] Vgl. Raiser / Veil (2010), S. 106.
[119] Vgl. Auwera (2008), S. 76 f.

Als Fazit bleibt also festzuhalten, dass die gemeinnützige Stiftung den Mehrheiten-Minderheiten-Konflikt behebt.

3.2.2 Familienstiftung

In Bezug auf die Familienstiftung ist zunächst auf die Ergebnisse der gemeinnützigen Stiftung zu verweisen: Die in Kapitel 2.2 beschriebenen potenziellen Konflikte treten mangels Familiengesellschaftern nicht mehr auf.[120] Wie bei der gemeinnützigen Stiftung könnte sich der Schnittstellenkonflikt aber auf die Stiftungsorgane verlagern. Im Gegensatz zur gemeinnützigen Stiftung dient die Familienstiftung den Interessen oder dem Wohl einer oder mehrerer bestimmter Familien, so dass die von der Stiftung bedachten Familienmitglieder am Ertrag der Stiftung partizipieren können, auch wenn sie darauf keinen Anspruch haben.[121] Die Familienmitglieder haben demnach ein Eigeninteresse an der Politik der Stiftung. Da die Familienstiftung in der Regel als Familientreuhänder eingesetzt wird,[122] ist es nicht unüblich, auch Familienmitglieder als Organmitglieder zu berufen bzw. ihnen Mitbestimmungsrechte einzuräumen.[123] Wegen der fehlenden oder auf ein Mindestmaß begrenzten Stiftungsaufsicht könnte also auch in diesem Fall bei einem Gremium die Gefahr bestehen, dass sich Mehrheiten bilden, die die Stiftung zu ihren Zwecken missbrauchen. Auf Grund des Eigeninteresses der Familienmitglieder wird die Initiative in der Regel von diesen ausgehen. Im Vergleich zur gemeinnützigen Stiftung ist bei der Familienstiftung eine solche Konstellation daher eher vorstellbar, auch wenn dem einiges entgegensteht: Die Rolle von Familienmitgliedern in den Stiftungsorganen beschränkt sich im Regelfall auf Kontrollrechte, also auf eine Mitgliedschaft im Kuratorium, sieht man einmal zu Lebzeiten des Stifters von ihm selbst ab.[124] Gleiches gilt für eventuelle Mitbestimmungsrechte, die üblicherweise von Stiftungsgremien wahrgenommen werden, die sich auf Funktionen wie Kontrolle

---

120 Vgl. Pöllath / Richter (2009b), S. 460.
121 Vgl. Berndt (2009), S. 137.
122 Vgl. Hennerkes / Binz / Sorg (1986a), S. 2220.
123 Vgl. Pöllath / Richter (2009b), S. 461.
124 Vgl. Pöllath / Richter (2009b), S. 461.

oder Beratung beschränken.[125] Darüber hinaus sind die Stiftungsorgane an den in der Satzung objektivierten Stifterwillen gebunden. Aus diesen Gründen ist davon auszugehen, dass im Regelfall keine Mehrheitskonstellationen innerhalb der Stiftungsorgane zu Stande kommen werden. Sofern dies abseits der hier beschriebenen Regelfälle aber doch einmal vorkommen sollte, könnte im Falle der Familienstiftung die Gefahr bestehen, dass die Geschäftsführung des Unternehmens durch die Stiftungsgremien bzw. die Gesellschafterversammlung beeinflusst und ggf. blockiert wird, da anders als bei der gemeinnützigen Stiftung der maßgebliche Einfluss auf das Unternehmen nicht unzulässig ist. So wäre es beispielsweise möglich, dass der Vorstand der Familienstiftung (auch) aus Familienmitgliedern besteht,[126] und dass die Stiftung als Eigentümerin des Unternehmens in der Gesellschafterversammlung zu einzelnen Geschäften der Geschäftsführung des Unternehmens ihre vorherige Zustimmung erteilen muss.[127] Sofern über die Zustimmung stiftungsintern ein Beschluss gefasst wird und sofern ein Mehrheitsbeschluss ausreicht und die Familienmitglieder in der Mehrheit sind oder es ihnen auf Grund der Abhängigkeitsverhältnisse zu weiteren Mitgliedern gelingt, eine Mehrheit zu organisieren, besteht die Gefahr, dass die Stiftung zu den Zwecken der familiären Mehrheit missbraucht wird. Ebenfalls wäre denkbar, dass ein Mitglied des entsprechenden Stiftungsorgans über ein Vetorecht verfügt. Sofern dieses vom Vetorecht Gebrauch macht, kann die Zustimmung nicht erteilt werden, so dass damit die Geschäftsführung des Unternehmens blockiert würde. Es wäre darüber hinaus möglich, dass für eine Entscheidung Einstimmigkeit vorgesehen ist, so dass ein nicht zustande kommender Beschluss des Stiftungsgremiums auch hier die Unternehmensführung blockieren könnte. Denkbar wäre auch eine Patt-Situation, sofern die Gremien aus einer geraden Anzahl an Personen bestehen.

Allerdings ist auch hier anzumerken, dass die beschriebene Konstellation sicherlich eine Ausnahmesituation darstellt. So ist zu sagen, dass es bei einer

[125] Vgl. Hof (2009), S. 230.
[126] Vgl. Auwera (2008), S. 208.
[127] Beim hier geschilderten Fall kann es sich also nicht um ein Unternehmen in der Rechtsform der Aktiengesellschaft handeln.

Stiftungslösung, die ja gerade deshalb gewählt wird, um das Unternehmen unabhängig(er) von der Familie zu gestalten, sehr unwahrscheinlich ist, dass der Stifter seiner Familie eine so gewichtige Rolle in den Stiftungsorganen einräumt, dass diese die Stiftung beherrschen. Dies käme höchstens in der Person des Stifters selbst in Betracht. Darüber hinaus ist zu sagen, dass ein Vetorecht nur für besonders gewichtige Fälle vorgesehen sein sollte. Da durch ein Vetorecht der Eindruck entstehen kann, die Stiftung sei lediglich der verlängerte Arm des Stifters oder Dritter, muss die Fremdbestimmung der Stiftung ausgeschlossen sein, so dass ein Vetorecht nur für solche Fälle eingerichtet werden sollte, bei denen die Auslegung des Stifterwillens oder der Fortbestand der vom Stifter vorgegebenen Zwecksetzung in Frage steht.[128] Es ist jedoch nicht anzunehmen, dass die Auslegung des Stifterwillens oder der Fortbestand der vom Stifter vorgegebenen Zwecksetzung durch die Zustimmung zu einem Geschäft oder eine Weisung an die Geschäftsführung des Unternehmens tangiert wird. Darüber hinaus ist auch nicht davon auszugehen, dass für eine Zustimmungsentscheidung Einstimmigkeit vorgesehen ist, da dies, wenn überhaupt, nur bei gewichtigen Vorgängen wie Satzungs- oder Zweckänderungen vorgesehen sein kann, was hier aber nicht der Fall sein dürfte. Durch eine entsprechende Regelung in der Stiftungssatzung kann auch eine Patt-Situation verhindert werden, so dass im Falle gerader Kopfzahlen bspw. die Stimme des jeweiligen Vorsitzenden bei Stimmengleichheit den Ausschlag gibt.[129] Die hier geschilderten Überlegungen gelten auch für den Fall, dass die Zustimmungsentscheidung in der Gesellschafterversammlung getroffen wird und dort mehrere Organmitglieder, darunter auch Familienmitglieder, die Stiftung als Eigentümerin vertreten.

Als Ergebnis bleibt also festzuhalten, dass der Schnittstellenkonflikt im Regelfall auch bei der Familienstiftung behoben ist. Nur wenn der Familie in den Stiftungsorganen bzw. der Gesellschafterversammlung des Unternehmens eine Mehrheitsposition eingeräumt wird oder sie auf Grund einer dominanten Stellung dazu in der Lage ist, Mehrheiten zu organisieren, besteht die Gefahr, dass

[128] Vgl. Hof (2009), S. 231.
[129] Vgl. Hof (2009), S. 244.

der Schnittstellenkonflikt in die Stiftung verlagert wird. Ebenso tritt eine Verlagerung ein, wenn die Ausgestaltung der Konstruktion Einzelnen bei erforderlichen Zustimmungen ein Vetorecht einräumt, die Einstimmigkeit bei Beschlüssen fordert oder eine Patt-Situation zulässt.

3.2.3 Stiftung & Co. KG

Wie oben erläutert, wird die Stiftung bei der Rechtskonstruktion der Stiftung & Co. KG als Führungsinstrument eingesetzt. Der Stifter will Herrschaftsmacht und Gesellschafterstellung trennen, in dem die eigentümerlose Stiftung die Stellung des einzigen persönlich haftenden Gesellschafters der KG einnimmt und die Familienmitglieder als Kommanditisten vermögensrechtlich am Unternehmen beteiligt sind. Als Komplementärin der KG steht der Stiftung schon von Gesetzes wegen die alleinige Geschäftsführungsbefugnis zu. Da die Regelungen des HGB aber dispositiv sind, kann im Innenverhältnis festgelegt werden, dass den Kommanditisten bezüglich der Geschäftsführung eine beherrschende Stellung dadurch eingeräumt wird, dass die Komplementär-Stiftung für jedes einzelne Geschäft der vorherigen Zustimmung der Kommanditisten bedarf oder überhaupt nur nach deren Weisungen handeln darf.[130] Es hängt also von der konkreten Ausgestaltung der Stiftungskonstruktion ab, wie stark der Stifter die Kommanditisten entmachtet.[131]

Zur Fragestellung, ob mit der Stiftung & Co. KG der Mehrheiten-Minderheiten-Konflikt gelöst werden kann, ist daher folgendes zu sagen: Zunächst einmal ist festzuhalten, dass Familienmitglieder als Kommanditisten am Unternehmen noch beteiligt sind, so dass Mehrheiten-Minderheiten-Konflikte aus den in Kapitel 2.2 genannten Gründen mit der Folge der Lähmung des Unternehmens noch immer auftreten können, wenn Stiftungsvorstand und Geschäftsführung der KG bei einzelnen Geschäften der KG von der vorherigen Zustimmung der Kommanditisten abhängig sind. Sofern die Zustimmung bspw. nur durch Einstimmigkeit erfolgen kann, hat ein einzelner Gesellschafter also die Möglichkeit, die

[130] Vgl. Binz / Sorg (2003), S. 55.
[131] Vgl. Pöllath / Richter (2009a), S. 427.

Geschäftsführung der KG zu blockieren. Ob diese Konstellation aber tatsächlich auftritt, hängt von der konkreten Ausgestaltung der Stiftungskonstruktion ab.

Im Regelfall, also sofern diese Stiftungskonstruktion (auch) zur Sicherung der Unternehmenskontinuität eingesetzt wird, wird dies aber nicht der Fall sein. Ist die Unternehmenskontinuität das Hauptmotiv, muss der Stiftung eine dominante Stellung in der Unternehmensleitung der KG zustehen. So muss gewährleistet sein, dass die Stiftung wichtige Beschlüsse auf der Ebene der ungewöhnlichen Geschäftsführungsmaßnahmen sowie der Grundlagengeschäfte, ob ungewöhnlichen oder gewöhnlichen Inhalts, durchsetzen kann. Sofern die Kommanditistenanteile stimmrechtslose Anteile sind, nimmt die Stiftung ebenfalls eine starke Stellung ein.[132] Durch diese starke Stellung würden eventuelle Mehrheiten oder Minderheiten unter den Kommanditisten keinen Einfluss auf die KG haben, so dass der Mehrheiten-Minderheiten-Konflikt in diesem Falle gelöst wäre.

Als Ergebnis bleibt also festzuhalten, dass der Schnittstellenkonflikt im Regelfall gelöst ist. Er wird aber in die Stiftung verlagert, wenn die Geschäftsführungsbefugnis im Innenverhältnis der Stiftung & Co. KG so gestaltet ist, dass die Kommanditisten bei einzelnen Geschäften der Geschäftsführung ihre Zustimmung oder gar Weisungen erteilen müssen, und sofern Einstimmigkeit gefordert wird oder ein einzelner Kommanditist von einem Veto-Recht Gebrauch machen kann.

3.3 Geschäftsführender Gesellschafter – Fremdgeschäftsführer

3.3.1 Gemeinnützige Stiftung

Wie in Kapitel 2.3 beschrieben, geht es bei diesem Schnittstellenkonflikt zunächst um die Frage, ob dem geschäftsführenden Gesellschafter ein Fremdge-

---

[132] Vgl. Höfner-Byok (1996), S. 172.

schäftsführer vorzuziehen ist. Sofern die Gesellschaftsanteile an einem Unternehmen auf eine gemeinnützige Stiftung übertragen wurden, gibt es auf Grund der Eigentümerlosigkeit der Stiftung weder Gesellschafter noch Familienmitglieder, die divergierende Interessen zu dieser Frage vertreten können, und darüber hinaus auch keinen geschäftsführenden Gesellschafter. Der Schnittstellenkonflikt, der von der Frage der Qualifikation geprägt ist, existiert also grundsätzlich nicht mehr. Eventuell könnte aber auch bei der Stiftung als Eigentümerin des Unternehmens in Betracht kommen, dass die Geschäftsführer des Unternehmens nicht ausschließlich nach Kriterien der Qualifikation ausgewählt werden, so dass das Problem also nur verlagert wäre. An die Stelle der Gesellschafter tritt der Wille des Stifters, den die Stiftungsorgane ausführen. Sofern der Stifter mit der Stiftung auch das Ziel verfolgt, den Unternehmensfortbestand langfristig und unabhängig von den Eigenschaften seiner Nachkommen zu sichern – was wie oben in Kapitel 1.1.3 beschrieben das Hauptmotiv von Stiftern ist –, bleibt festzustellen, dass dies aus Perspektive des Unternehmens in erster Linie nur dann denkbar ist, wenn an die Unternehmensspitze nur die fachlich und persönlich Qualifiziertesten berufen werden. Deshalb ist auch denkbar, dass der Stifter Anforderungen an die fachliche und persönliche Qualifikation potenzieller Geschäftsführer des Unternehmens stellt. Insofern ist also nicht anzunehmen, dass bei der Bestellung von Geschäftsführern des Unternehmens andere Gründe als die Qualifikation eine Rolle spielen. Auch wenn die Unternehmenskontinuität kein zentrales Motiv für den Stifter ist, ist es immer Aufgabe der Stiftungsorgane, das Stiftungsvermögen ungeschmälert (und zwar substanziell und nicht nur nominell) zu erhalten, um die Leistungskraft der Stiftung zur Zweckverwirklichung sicherzustellen.[133] Ist die Stiftung dafür an einem Unternehmen beteiligt, kann das Stiftungsvermögen dann am besten substanziell erhalten werden und die Mittel für die Zweckverwirklichung zur Verfügung gestellt werden, wenn das Unternehmen von den qualifiziertesten Personen geleitet wird. Darüber hinaus ist zu konstatieren, dass die Stiftung auf Grund der gemeinnützigkeitsrechtlichen Bestimmungen keinen maßgeblichen Einfluss auf die Geschäftsführung des Unternehmens ausüben darf, so dass auch schon

[133] Vgl. Berndt (2009), S. 142.

aus diesem Grund vieles dafür spricht, die Unternehmensleitung ausschließlich nach Qualifikationsgesichtspunkten auszuwählen. Zudem ist nicht davon auszugehen, dass persönliche Interessen der Organmitglieder der Stiftung oder der Mitglieder anderer Gremien, welche für die Berufung zuständig sind – zum Beispiel der Aufsichtsrat bei einer AG –[134] zum Tragen kommen könnten. Bei einer gemeinnützigen Stiftung hat kein Organ- bzw. Gremienmitglied selbst einen unmittelbaren Vorteil, da diese keine Anteilseigner sind und der Kreis der Destinatäre keinen klar abgrenzbaren Personenkreis wie bei der Familienstiftung umfasst, so dass die Organ- oder Gremienmitglieder in der Regel selbst nicht als Begünstigte der Stiftung in Betracht kommen.[135] Ggf. wäre aber denkbar, dass sich Familienmitglieder als Organ- oder Gremienmitglieder nicht nur von Qualifikationskriterien leiten lassen, wenn ein anderes Familienmitglied als Geschäftsführer in Betracht kommt. Dies ist insbesondere dann zu erwarten, wenn keine Anforderungen an die fachliche und persönliche Qualifikation potenzieller Geschäftsführer gestellt sind und wenn die familiären Bindungen untereinander sehr stark ausgeprägt sind. Allerdings ist anzumerken, dass der Bezug zum und das Interesse am Unternehmen insbesondere durch das Eigentum am Unternehmen zu Stande kommt.[136] Genau dies fehlt jedoch bei einer Stiftungslösung. Insofern ist davon auszugehen, dass die Identifikation mit dem Unternehmen nicht so ausgeprägt sein wird, dass häufig der Wunsch bestünde, dass Familienmitglieder Führungsfunktionen übernehmen.

Als Zwischenfazit bleibt also festzuhalten, dass dieser Aspekt des Schnittstellenkonflikts durch die gemeinnützige Stiftung nicht per se behoben ist. Er kann aber gelöst werden, wenn die Stiftungskonstruktion so ausgestaltet ist, dass ein verbindlicher Anforderungskatalog an die Qualifikation eines potenziellen Geschäftsführers des Unternehmens vorliegt und wenn keine Familienmitglieder in den Stiftungsorganen bzw. in den für die Berufung der Geschäftsführung zu-

---

134 Vgl. Fleschutz (2008), S. 183.

135 Von der grundsätzlichen Möglichkeit, dass auch eine gemeinnützige Stiftung mit Familienbegünstigung rechtlich zulässig ist, wird hier abgesehen (vgl. Pöllath / Richter (2009b), S. 462).

136 Vgl. hierzu Baus (2007), S. 124 ff. und Habig / Berninghaus (2004), S. 132.

ständigen Gremien zugelassen sind oder diese zumindest in der Minderheit sind, so dass eine Mehrheitsbildung zu deren Gunsten ausgeschlossen ist. Bezüglich der zweiten Ausprägung dieses Schnittstellenkonflikts, nämlich der Zusammenarbeit von geschäftsführendem Gesellschafter und Fremdgeschäftsführer, ist wiederholend anzumerken, dass ein geschäftsführender Gesellschafter im Rahmen einer Stiftungslösung nicht existiert. Demnach können auch keine Interessenkonflikte dieser Art mehr bestehen. Es wäre aber eventuell denkbar, dass der Konflikt auch ohne geschäftsführenden Gesellschafter zwischen mehreren Geschäftsführern erhalten bleibt, wenn sich das Unternehmen im Eigentum der Stiftung befindet. Die gegenseitigen Interessenkonflikte bestehen jedoch gerade deshalb, weil der geschäftsführende Gesellschafter neben seiner Funktion im Unternehmen auch Eigentümer ist. Diese Konstellation ist bei der gemeinnützigen Stiftungslösung aber nicht mehr anzutreffen. Da auf Grund der gemeinnützigkeitsrechtlichen Bestimmungen keine Personenidentität zwischen Stiftungsvorstand (als „Eigentümer") und Unternehmensleitung bestehen darf und ein Geschäftsführer auf Grund des weitgefassten Kreises der Destinatäre auch nicht gleichzeitig als Begünstigter der Stiftung in Betracht kommt, kann es keine vergleichbare Konstellation zum geschäftsführenden Gesellschafter geben, so dass hier die Interessen des Managements gleichgerichtet sind und keiner der Geschäftsführer über einen besonderen Bezug zum Unternehmen verfügt. Daher ist auch nicht anzunehmen, dass einem der Geschäftsführer eine größere formale Macht zugesprochen wird, sieht man einmal von üblichen Maßnahmen zur Geschäftsverteilung und der Möglichkeit ab, einen Vorstandsvorsitzenden bzw. einen Vorsitzenden der Geschäftsführung zu benennen.[137] Als Fazit bleibt also festzuhalten, dass dieser Aspekt des Schnittstellenkonflikts durch die gemeinnützige Stiftung als Beteiligungsträgerstiftung gelöst wird.

3.3.2 Familienstiftung

Bezüglich des ersten Aspekts des Schnittstellenkonflikts ist zunächst auf das zur gemeinnützigen Stiftung Gesagte zu verweisen. Mangels geschäftsführen-

---

[137] Vgl. bspw. zur AG Raiser / Veil (2010), S. 121 ff, zur GmbH Raiser / Veil (2010), S. 443.

dem Gesellschafter existiert der Schnittstellenkonflikt grundsätzlich nicht mehr. Es stellt sich aber auch hier die Frage, ob die Gefahr besteht, dass bei einem Stiftungsunternehmen die Auswahl der Unternehmensführung nicht ausschließlich nach Kriterien der Qualifikation erfolgt.

Die Destinatäre der Stiftung sind Familienmitglieder. Sie partizipieren als Begünstigte der Stiftung an ihrem Ertrag, auch wenn sie keinen Anspruch auf Leistungen haben. Sofern die Familienbande unter den Familienmitgliedern nicht besonders stark ausgeprägt sind und der emotionale Bezug zum Unternehmen fehlt, an dem die Familie zuvor Eigentumsrechte hatte, werden sie sich wie ein Investor verhalten. In diesem Fall kommt ihr Eigeninteresse darin zum Ausdruck, dass sie am Ertrag der Stiftung dann besonders partizipieren können, wenn auch das Unternehmen erfolgreich ist. Sofern Familienmitglieder in den Organen der Stiftung bzw. in dem für die Wahl der Geschäftsführung berufenen Gremium mitwirken, werden sie das Interesse haben, dass nur die am besten qualifizierten Geschäftsführer das Unternehmen führen. Ggf. wäre aber bei sehr engen familiären Banden auch denkbar, dass die Organmitglieder, die zur Familie gehören, in den Stiftungsgremien bzw. in dem für die Wahl der Geschäftsführung berufenen Gremium darauf hinwirken könnten, dass (auch) Familienmitglieder in die Unternehmensleitung berufen werden, weil sie diesen auf Grund des Vertrauensverhältnisses eher zutrauen, den Stifterwillen und ihre eigenen Interessen zu verfolgen. In solchen Fällen besteht die Gefahr, dass sich die Stiftungsorgane bzw. Gremienmitglieder bei der Auswahl von Geschäftsführern des Unternehmens nicht ausschließlich von Kriterien der Qualifikation leiten lassen. Diese Konstellation kommt insbesondere dann in Betracht, wenn keine formalen Qualifikationskriterien für die Unternehmensleitung vom Stifter erlassen worden sind.

Als Ergebnis bleibt also festzuhalten, dass durch die Familienstiftung dieser erste Aspekt des Schnittstellenkonflikts per se nicht gelöst ist. Im Regelfall ist zwar anzunehmen, dass das Interesse an einer hohen Rendite und damit an einer potenziell hohen Zuwendung durch die Stiftung alle familiären Organmitglieder bzw. Gremienmitglieder darin einigt, nur den qualifiziertesten Geschäftsführer zu bestellen. Bei einer besonderen Intensität der familiären Bindungen untereinander könnten andere Interessen aber in den Vordergrund treten. Eine Lösung dieses Konflikts wäre dann nur möglich, wenn die Stiftungskonstruktion so ausgestaltet ist, dass ein verbindlicher Anforderungskatalog an die Qualifikation eines potenziellen Geschäftsführers vorliegt und keine Familienmitglieder in den Stiftungsorganen bzw. in dem für die Wahl der Geschäftsführung bestimmten Gremium zugelassen sind oder diese zumindest in der Minderheit sind, so dass eine Mehrheitsbildung zu deren Gunsten ausgeschlossen ist.

Bezüglich der zweiten Ausprägung dieses Schnittstellenkonflikts ist folgendes anzumerken: Zwar existiert kein geschäftsführender Gesellschafter mehr, aber ggf. ein Geschäftsführer, der gleichzeitig auch Stiftungsvorstand ist oder ggf. ein Geschäftsführer, der gleichzeitig auch Destinatär der Stiftung ist. Bei letzterem sind die Interessen mit denen eines geschäftsführenden Gesellschafters vergleichbar, da er als Destinatär neben seinem Einkommen als Geschäftsführer auch von den Einkünften der Stiftung zumindest potenziell profitieren kann. Ein solcher Geschäftsführer wird folglich nicht nur ein berufliches Interesse an der erfolgreichen Erfüllung seiner Aufgabe im Unternehmen, sondern zugleich das persönliche Interesse am Werterhalt des Unternehmens haben, um auch zukünftig an den Erträgen des Unternehmens zumindest potenziell über die Stiftung partizipieren zu können. Dies ist beim Geschäftsführer, der gleichzeitig auch Stiftungsvorstand ist, jedoch nicht der Fall, da er selbst nicht Anteilseigner ist. Nur wenn er gleichzeitig auch Destinatär ist, entspricht die Konstellation dem oben beschriebenen Fall.

Nun stellt sich die Frage, ob der „Geschäftsführer-Destinatär“ seine Interessen qua größerer formaler Macht auch gegenüber einem weiteren Geschäftsführer, der nicht gleichzeitig auch Destinatär ist, durchsetzen kann. Angesichts der Tatsache, dass die größere formale Macht in der gesellschaftsrechtlichen Stellung begründet ist,[138] es im Falle einer Stiftung aber keine Gesellschafter gibt, ist dies aber nicht anzunehmen. Da die Interessen zwischen den Geschäftsführern aber nicht gleichgerichtet sind, bleibt festzuhalten, dass Konflikte bezüglich der Geschäftspolitik entstehen können. Welche konkreten Folgen diese Konflikte aber für das Unternehmen haben werden – bloße Meinungsverschiedenheiten, gegenseitige Blockade in der Geschäftsführung bei einem Zweier-Kollegium oder keine Auswirkung, weil bspw. neben dem „Geschäftsführer-Destinatär" zwei weitere Geschäftsführer vorhanden sind, die sich ggf. durchsetzen – hängt von der konkreten Konstellation des Einzelfalls ab.

Auch bei der hier geschilderten Konstellation ist jedoch zu erwähnen, dass es sich sicherlich um einen Ausnahmefall handelt, da die Stiftung im Regelfall als ein Instrument eingesetzt wird, mit dem der Einfluss der Familie durch die eigentumsrechtliche Trennung von Familie und Unternehmen zurückgedrängt werden soll. Insofern wird im Regelfall nicht von einem „Geschäftsführer-Destinatär" auszugehen sein.

Im Ergebnis kann also gesagt werden, dass auch diese Ausprägung des Konflikts nicht per se durch die Stiftung behoben wird. Die gegensätzliche Interessenlage zwischen einem potenziellen „Geschäftsführer-Destinatär" und einem Geschäftsführer, der nicht gleichzeitig Destinatär ist, kann letztlich nur ausgeschlossen werden, wenn Destinatäre keine Geschäftsführer sein können oder die alleinigen Geschäftsführer sind. Eine ungerade Anzahl an Geschäftsführern bzw. der Stichentscheid bei Stimmengleichheit durch den Vorsitzenden der Geschäftsführung kann zwar zu einer handlungsfähigen Geschäftsführung führen, die Interessengegensätze lassen sich dadurch jedoch nicht verhindern.

3.3.3 Stiftung & Co. KG

Zunächst einmal ist in Bezug auf die Stiftung & Co. KG festzustellen, dass es hier nach wie vor Gesellschafter gibt, nämlich die Kommanditisten. Während im

---

[138] Vgl hierzu bspw. zur GmbH Raiser / Veil (2010), S. 443.

Falle einer GmbH & Co. KG die Gesellschafterversammlung der GmbH, die häufig aus den Kommanditisten besteht,[139] die Geschäftsführung der GmbH und damit die Geschäftsführung der KG bestimmt, wird die Bestellung des Vorstands der Stiftung und damit der Geschäftsführung der KG hier durch die Organe der Stiftung vorgenommen und damit nicht durch Eigentümer, da diese bei einer Stiftung nicht existieren. Bei der GmbH & Co. KG besteht daher der Konflikt, ob die Geschäftsführung von einem oder allen Gesellschaftern wahrgenommen wird, oder ob ein fremder Dritter dafür berufen wird. Da an der Stelle der Gesellschafter der GmbH bei der Stiftung die Organe der Stiftung handeln, stellt sich die Frage, ob die Gefahr besteht, dass die Organmitglieder, in diesem Fall die des Kuratoriums, sich bei der Wahl des Stiftungsvorstands von anderen Kriterien als der Qualifikation leiten lassen. Die Antwort hängt vom konkreten Einzelfall ab. Wie bereits beschrieben, kann die Stiftung & Co. KG so ausgestaltet sein, dass eine strikte Trennung zwischen Gesellschaftern und Stiftungsorganen vorliegt.[140] In diesem Falle setzen sich die Stiftungsorgane und Kommanditisten aus unterschiedlichen Personen zusammen. Da es keine Anzeichen dafür gibt, dass die Stiftungsorgane in diesem Fall ein Eigeninteresse verfolgen könnten – sie sind weder Kommanditisten und in aller Regel auch nicht Destinatäre der Stiftung – ist bei dieser Konstellation davon auszugehen, dass die Vorstandsmitglieder ausschließlich nach Gesichtspunkten der Qualifikation ausgewählt werden. Die in diesem Fall strikte Trennung zwischen Herrschaftsmacht und Gesellschafterstellung lässt den Schluss zu, dass der Stifter seine Familie ganz bewusst aus der Komplementär-Stiftung raushalten möchte, weil er den Einfluss der Familie negativ sieht.[141] Wie oben bereits erläutert, wird diese Ausgestaltung der Stiftung & Co. KG der Normalfall sein, da die Komplementärstiftung ja gerade dafür eingesetzt wird, Herrschaftsmacht und Eigentum zu trennen. Als Fazit bleibt festzuhalten, dass der Konflikt in dieser Konstellation behoben ist. Anders ist der ebenfalls denkbare, wenn auch in diesem Kontext eher seltener anzutreffende Fall zu beurteilen, wenn Familienmitglieder als Organmitglieder der Komplementärstiftung handeln. Sie sind in diesem Fall

139 Vgl. Binz / Sorg (2003), S. 8.
140 Vgl. Pöllath / Richter (2009a), S. 431.
141 Vgl. Pöllath / Richter (2009a), S. 431.

zwar an den Stifterwillen gebunden, sofern dieser aber keine Qualifikationsanforderungen an den Stiftungsvorstand und damit die Geschäftsführung der KG vorsieht, kann hier erneut die Gefahr bestehen, dass Familienmitglieder als Organmitglieder auch andere Kriterien als die Qualifikation in ihre Entscheidung einfließen lassen, wenn sie sich beispielsweise ein Familienmitglied an der Spitze wünschen, weil sie dieses als vertrauenswürdiger einschätzen.

Bezüglich dieser ersten Ausprägung des Konflikts ist im Ergebnis zu sagen, dass der Konflikt nicht per se behoben ist. Erst wenn ein verbindlicher Anforderungskatalog an die potenziellen Vorstände existiert und die Stiftungskonstruktion so gestaltet ist, dass im Stiftungskuratorium entweder keine Familienmitglieder zugelassen sind oder diese zumindest in der Minderheit sind, ist er behoben.

Bezüglich der zweiten Ausprägung dieses Schnittstellenkonflikts ist folgendes anzumerken: Je nach Konstellation wäre denkbar, dass es einen Stiftungsvorstand und Geschäftsführer der KG gibt, der als Destinatär neben seinem Einkommen als Geschäftsführer auch von den Einkünften der Stiftung potenziell profitieren kann und zudem auch als Kommanditist Anteile an der KG hält.[142] Dies wäre beispielsweise denkbar, wenn der Stifter seine Kinder zwar wirtschaftlich gleich bedenken will, aber allein dem qualifiziertesten Kind die Geschäftsführung vorbehalten möchte.[143] Dessen Situation ist also mit den Interessen des in Kapitel 2.3 beschriebenen geschäftsführenden Gesellschafters vergleichbar, insbesondere deshalb, weil es nicht nur potenziell über die Stiftung an den Erträgen des Unternehmens partizipieren kann, sondern über seine Kommanditisten-Anteile auch unmittelbar am Gewinn der Gesellschaft beteiligt ist. Sofern es neben diesem Geschäftsführer weitere Geschäftsführer gibt, die nicht gleichzeitig auch Kommanditisten sind, sind keine gleichgerichteten Interessen unter den Geschäftsführern zu erwarten, so dass Konflikte über die Geschäftspolitik entstehen können. Diese können zur Frustration des anderen Ge-

142 Vgl. Pöllath / Richter (2009a), S. 431.
143 Vgl. Hennerkes / Binz / Sorg (1986b), S. 2271.

schäftsführers führen, wenn der Geschäftsführer, der auch Kommanditist ist, qua größerer formaler Macht seine Politik durchsetzen kann. In der hier beschriebenen Situation wäre dies durchaus denkbar, denn nur so wäre der beschriebene Wille des Stifters – dass das qualifizierteste Kind die Geschäftsführung wahrnimmt und bestimmt – umsetzbar. In diesem Fall wäre der Schnittstellenkonflikt also nicht gelöst.

Demgegenüber wäre aber auch denkbar, dass die Stiftung & Co. KG zur strikten Trennung von Herrschaftsmacht und Gesellschafterstellung eingesetzt wird, so dass in diesem Fall weder Kommanditisten noch Destinatäre als Stiftungsvorstände an der Geschäftsführung beteiligt werden dürfen. Wie oben schon beschrieben, wird dies im Kontext von Familienunternehmen eher zu erwarten sein. In diesem Fall wären die Interessen der Geschäftsführer gleichgerichtet, da keiner gleichzeitig auch Destinatär oder Kommanditist ist. Somit ist, wie oben schon beschrieben, auch nicht davon auszugehen, dass einer der Geschäftsführer über eine größere formale Macht verfügt, sieht man einmal von üblichen Maßnahmen zur Geschäftsverteilung und der Möglichkeit ab, einen Vorsitzenden der Geschäftsführung zu benennen. In diesem Fall wäre der Schnittstellenkonflikt also gelöst.

Im Ergebnis kann also gesagt werden, dass auch diese Ausprägung des Konflikts nicht per se durch die Stiftung behoben wird. Die gegensätzliche Interessenlage zwischen einem Geschäftsführer, der gleichzeitig auch Kommanditist ist, und einem Nur-Geschäftsführer, kann letztlich nur ausgeschlossen werden, wenn Familienmitglieder als Kommanditisten keine Geschäftsführer sein können oder die alleinigen Geschäftsführer sind. Die ggf. größere formale Macht des Geschäftsführers, der gleichzeitig auch Kommanditist ist, eine ungerade Anzahl an Geschäftsführern bzw. der Stichentscheid bei Stimmengleichheit durch den Vorsitzenden der Geschäftsführung kann zwar zu einer handlungsfähigen Geschäftsführung führen, die Interessengegensätze lassen sich dadurch jedoch nicht verhindern.

3.4 Kontrolle – Freiheit der Geschäftsführung

3.4.1 Gemeinnützige Stiftung

Wie in Kapitel 2.4 erläutert, kommt es in Familienunternehmen häufig vor, dass einige Gesellschafter mit der Unternehmensleitung betraut sind, während sich andere mit der Anteilseignerposition begnügen müssen.[144] Daher besteht potenziell die Gefahr, dass es unter den Gesellschaftern zu Konflikten kommen kann, die eine ineffiziente Kontrolle der Geschäftsführung zur Folge haben, weil die Kontrollaufgabe von gegenseitigem Misstrauen und auf Grund unterschiedlicher Interessen bestimmt ist. Ferner stellt sich das Problem, dass die Gesellschafterversammlung als Kontrollinstanz häufig ungeeignet ist.

Werden die Unternehmensanteile auf eine gemeinnützige Stiftung übertragen, gibt es keine Gesellschafter mehr. Somit kann es auch die Unterscheidung zwischen operativ tätigen und nicht operativ tätigen Gesellschaftern nicht mehr geben. Eine zu große Gesellschafterversammlung mit ggf. nicht motivierten und nicht qualifizierten Gesellschaftern wird es ebenfalls nicht geben, so dass der Schnittstellenkonflikt grundsätzlich nicht mehr besteht. Auch hier stellt sich wieder die Frage, ob der Konflikt eventuell in die Stiftung verlagert wird. An die Stelle der Gesellschafter als Eigentümer tritt die eigentümerlose Stiftung, die durch ihre Organe vertreten wird. Auf Grund der Bestimmungen des Gemeinnützigkeitsrechts wird von einer gemeinnützigen Stiftung als Beteiligungsträgerstiftung verlangt, dass sie sich auf die steuerunschädliche Vermögensverwaltung beschränkt, also keinen maßgeblichen Einfluss auf die Geschäftsführung des Unternehmens ausübt. Dies setzt auch voraus, dass keine Personenidentität zwischen dem Vorstand der gemeinnützigen Stiftung und der Geschäftsführung des Unternehmens bestehen darf.[145] Es ist daher festzuhalten, dass eine vollständige personelle Trennung zwischen der Unternehmensleitung und dem Stiftungsvorstand besteht, der für die Stiftung als Eigentümerin des Unternehmens ihre Gesellschafter- und Kontrollrechte in der Gesellschafterversammlung

[144] Vgl. Hennerkes / Kirchdörfer (1998), S. 70.
[145] Vgl. Berndt (2009), S. 428.

wahrnimmt. Sofern die Kontrollrechte wie bei der AG bzw. den Gesellschaften, in welchen die mitbestimmungsrechtlichen Vorschriften einen Aufsichtsrat zwingend erfordern,[146] auf den Aufsichtsrat übertragen sind, besteht ebenso eine vollständige personelle Trennung zwischen der Unternehmensführung und dem Aufsichtsrat[147]. Die für Familienunternehmen typische Situation der teilweisen Überschneidung von Anteilseignerschaft und Geschäftsführung des Unternehmens kann also hier mit den Stiftungsorganen und der Unternehmensleitung nicht vergleichbar konstruiert werden. Damit sind auch die daraus resultierenden Konflikte eliminiert, da die Interessen der Mitglieder des Kontrollgremiums gleichgerichtet sind. Unternehmensführung und Kontrolle sind also klar getrennt. Wegen des Informationsvorsprungs der Unternehmensführung bestehen zwar nach wie vor Informationsasymmetrien zwischen dieser und den kontrollierenden Organmitgliedern der Stiftung in der Gesellschafterversammlung oder dem Aufsichtsrat, dies ist aber kein familienunternehmenspezifisches bzw. stiftungsspezifisches Problem.

Ob die Kontrolle durch die Stiftungsorgane bzw. das Aufsichtsgremium wirklich effizient ausgeübt wird, hängt von der Unabhängigkeit und der fachlichen Qualität der ausgewählten Personen ab[148] und wie diese ihre Tätigkeit verstehen. Die Kontrolle durch Eigentümer ist in der Regel die effektivste, da kein Auseinanderfallen von Chance und Risiko, von Eigentum und Kontrolle droht. Da die Organmitglieder der Stiftung selbst weder Destinatäre noch Eigentümer sind, also selbst kein unmittelbares Interesse an einer effizienten Kontrolle haben, kann die Gefahr bestehen, dass sie die Kontrolle nicht mit der Ernsthaftigkeit verfolgen, wie sie es als Eigentümer tun würden. Auch dieses Problem ist jedoch kein familienunternehmenspezifisches bzw. stiftungsspezifisches Problem, sondern entsteht überall dort, wo Kontrollrechte auf Dritte übertragen werden. Zumindest kann aber festgehalten werden, dass anders als bei Familiengesellschaftern, die qua ihres Anteils als Gesellschafter in der Gesellschafterver-

[146] Vgl. Hennerkes / Kirchdörfer (1998), S. 70.

[147] So können Aufsichtsratsmitglieder nur im Notfall und regelmäßig nur für höchstens ein Jahr als Vorstandsmitglieder berufen werden, vgl. Raiser / Veil (2010), S. 126.

[148] Es wird daher empfohlen, in der Stiftungssatzung bestimmte fachliche Qualifikationen an die Organmitglieder vorzusehen, vgl. Hof (2009), S. 229; Vgl. Schiffer (2009), S. 187.

sammlung Kontrollrechte ausüben dürfen – obwohl sie über die notwendige Qualifikation ggf. gar nicht verfügen und ggf. selbst nicht die notwendige Motivation mitbringen – hier grundsätzlich qualifizierte und motivierte Personen für die Stiftungsorgane bzw. Kontrollgremien ausgewählt werden können. Zudem wird der Personenkreis des zur Kontrolle berufenen Gremiums von der Anzahl der Personen übersichtlicher als in einer Gesellschafterversammlung sein.

Bezüglich des Schnittstellenkonflikts, nämlich der Gefahr einer ineffizienten Kontrolle auf Grund gegensätzlicher Interessen zwischen operativ tätigen und nicht operativ tätigen Gesellschaftern bzw. auf Grund der fehlenden Qualifikation und Motivation der Gremienmitglieder und der Größe des Kontrollorgans, bleibt im Ergebnis also festzuhalten, dass dieser durch die gemeinnützige Stiftung behoben wird. Eine Verlagerung auf die Stiftung ist nicht denkbar.

3.4.2 Familienstiftung

In Bezug auf die Familienstiftung ist zunächst auf das zur gemeinnützigen Stiftung Gesagte zu verweisen. Mangels Gesellschaftern kann es auch keine Unterscheidung zwischen operativ tätigen und nicht operativ tätigen Gesellschaftern geben, so dass der Schnittstellenkonflikt grundsätzlich auch bei der Familienstiftung nicht mehr besteht.[149] Es stellt sich aber auch hier die Frage, ob dieser Schnittstellenkonflikt in die Familienstiftung verlagert wird. Wie bereits bei der gemeinnützigen Stiftung beschrieben, kann festgehalten werden, dass bei der Besetzung der Stiftungsorgane bzw. der Kontrollgremien darauf geachtet werden kann, dass qualifizierte Personen in die Stiftungsorgane bzw. Kontrollgremien berufen werden. So ist zumindest garantiert, dass nur interessierte und/oder qualifizierte Personen in den für die Kontrolle zuständigen Stiftungsorganen bzw. Aufsichtsgremien vertreten sind. Darüber hinaus wird das zur Aufsicht berufene Gremium auch aus einer arbeitsfähigen Anzahl an Mitgliedern bestehen, was bei einer Gesellschafterversammlung eines Familienunterneh-

[149] Vgl. auch Pöllath / Richter (2009b), S. 460.

mens nicht zwangsläufig gegeben sein muss. Diesbezüglich wäre der Schnittstellenkonflikt also auch bei der Familienstiftung gelöst.

Abgesehen von der rechtlich verbindlichen, klaren personellen Trennung zwischen Aufsichtsrat und Vorstand bei der AG[150] oder bei den Gesellschaften, bei denen die mitbestimmungsrechtlichen Vorschriften einen Aufsichtsrat zwingend erfordern,[151] bestehen bei einer Familienstiftung auf Grund der fehlenden Gemeinnützigkeit grundsätzlich keine Regeln zur personellen Trennung zwischen Stiftungsorganen und Unternehmensleitung. So wäre also bspw. denkbar, dass einer von mehreren Vorständen der Stiftung gleichzeitig auch Geschäftsführer des Unternehmens ist. In dieser Konstruktion wäre eine klare personelle Trennung zwischen der Stiftung als Eigentümerin, die in der Gesellschafterversammlung des Unternehmens Kontrollrechte ausübt, und der operativ tätigen Unternehmensführung nicht gegeben. Es besteht die Gefahr, dass Spannungen zwischen den Organmitgliedern, die nur Kontrollrechte wahrnehmen und denjenigen, die auch in der Geschäftsführung des Unternehmens tätig sind, auftreten können. Dies beruht darauf, dass die im Unternehmen tätigen Organmitglieder über einen Informationsvorsprung verfügen und sich möglichst wenig Kontrolleinfluss wünschen, während die nicht im Unternehmen tätigen Organmitglieder das Gefühl beschleichen kann, dass ihnen Informationen vorenthalten werden, so dass Misstrauen entstehen kann, dass die Geschäftsführer zu ihren Gunsten in die eigene Tasche wirtschaften und die Interessen des Unternehmens und der Destinatäre vernachlässigen. Während mit Familienfremden besetzte Kontrollorgane mangels Eigeninteresses resignieren könnten, so dass ggf. überhaupt keine Kontrolle mehr stattfindet, wären bei mit familienangehörigen besetzten Kontrollorganen heftige Streitigkeiten zu erwarten. In beiden Konstellationen ist also nicht mit einer effizienten Kontrolle zu rechnen.

Allerdings ist anzumerken, dass die beschriebene Konstellation kaum in der Realität anzutreffen sein wird. Auf Grund der in der Principal-Agent-Theorie be-

---

150 Vgl. Raiser / Veil (2010), S. 126.
151 Vgl. Hennerkes / Kirchdörfer (1998), S. 70.

schriebenen Interessengegensätze zwischen Unternehmensführung und Anteilseignern hat sich als ein Grundsatz guter Corporate Governance sowohl bei Familienunternehmen[152] als auch bei Beteiligungsträgerstiftungen[153] die Einrichtung eines Kontrollorgans mit einer personellen Trennung zwischen Kontrollorgan und Unternehmensführung bewährt. Insofern ist davon auszugehen, dass die hier beschriebene Konstellation eine Ausnahme darstellt.

Im Ergebnis bleibt also festzuhalten, dass der Schnittstellenkonflikt durch eine Familienstiftung nicht per se gelöst wird. Es kann aber verhindert werden, dass er auf die Stiftung verlagert wird, wenn eine klare personelle Trennung zwischen dem für die Kontrolle der Unternehmensführung zuständigen Stiftungsorgan bzw. Aufsichtsgremium und der Unternehmensführung besteht, wie dies im Fall der Aktiengesellschaft immer gegeben ist. Die dann bestehende Konstellation ist mit der üblicherweise anzutreffenden Situation bei Publikumsgesellschaften vergleichbar.

3.4.3 Stiftung & Co. KG

Auch im Falle der Stiftung & Co. KG stellt sich die Frage, ob das Schnittstellenproblem Kontrolle – Freiheit der Geschäftsführung gelöst wird.

Wie schon früher erwähnt, gibt es hier nach wie vor Gesellschafter, nämlich die Kommanditisten, und damit auch eine Gesellschafterversammlung. Ob die Gesellschafterversammlung als Kontrollorgan eine effiziente Kontrolle ermöglicht, hängt zum einen von der Anzahl der Kommanditisten, deren fachlicher Qualifikation und Motivation ab und zum anderen vom konkreten Umfang der Zustimmungspflichten der Kommanditisten.[154]

Wie bereits beschrieben, kann die Stiftung & Co. KG so ausgestaltet sein, dass die Stiftung als Komplementärin der Vermittlung der Kontrolle der Kommanditis-

---

[152] Vgl. Wiedemann / Kögel (2008), S. 14 f.
[153] Vgl. Pöllath / Richter (2009a), S. 442.
[154] Vgl. Fabis (2007), S. 201.

ten über das Unternehmen dient.[155] In diesem Fall werden den Kommanditisten in der Gesellschafterversammlung z.B. über Zustimmungspflichten Kontrollrechte gegenüber der Geschäftsführung eingeräumt.[156] In einem solchen Fall wäre es ebenfalls möglich, dass es einen Stiftungsvorstand und Geschäftsführer der KG gibt, der gleichzeitig auch Kommanditist ist und damit neben seinem Einkommen als Geschäftsführer auch von seinen KG-Anteilen finanziell profitiert. Dies wäre, wie oben schon erwähnt, beispielsweise denkbar, wenn der Stifter seine Kinder zwar wirtschaftlich gleich bedenken will, aber allein dem qualifiziertesten Kind die Geschäftsführung vorbehalten möchte.[157] Bei einer solchen Ausgestaltung der Stiftung & Co. KG ist als Ergebnis festzuhalten, dass die Gesellschafterversammlung aus einer ggf. großen Anzahl an Gesellschaftern bestehen kann, die möglicherweise nicht qualifiziert und nicht motiviert sind. Ebenfalls ist denkbar, dass in der Gesellschafterversammlung Nur-Gesellschafter und Gesellschafter, die gleichzeitig auch die Geschäftsführung wahrnehmen, aufeinandertreffen, so dass gegensätzliche Interessen zwischen diesen eine effiziente Kontrolle ebenfalls nicht möglich machen. Dies wird auch noch dadurch verstärkt, dass die Informationsrechte der Kommanditisten – anders als bei einer GmbH & Co. KG, sofern diese gleichzeitig auch Gesellschafter der Komplementär-GmbH sind – sehr viel eingeschränkter als bei einer GmbH & Co. KG sind. Eine vergleichbare Vorschrift des § 51a GmbHG, über die die Kommanditisten Informationsrechte in verbesserter Form zugesprochen bekommen, existiert bei der Stiftung & Co. KG nicht.[158] Der beschriebene Schnittstellenkonflikt wird bei dieser Konstellation also nicht behoben, sondern in die Stiftung verlagert.

Es wäre aber auch denkbar, dass eine strikte Trennung zwischen Gesellschaftern und Stiftungsorganen vorliegt.[159] In diesem Falle setzen sich die Stiftungsorgane und Kommanditisten aus unterschiedlichen Personen zusammen. Die in diesem Fall strikte Trennung zwischen Herrschaftsmacht und Gesellschafter-

[155] Vgl. Pöllath / Richter (2009a), S. 427.
[156] Vgl. Fabis (2007), S. 201.
[157] Vgl. Hennerkes / Binz / Sorg (1986b), S. 2271.
[158] Vgl. Binz / Sorg (2003), S. 531.
[159] Vgl. hierzu Pöllath / Richter (2009a), S. 431.

stellung lässt den Schluss zu, dass der Stifter seine Familie ganz bewusst aus der Komplementär-Stiftung raushalten möchte, weil er den Einfluss der Familie negativ sieht.[160] In diesem Fall werden die Kontroll- und Informationsrechte der Kommanditisten auf ein Mindestmaß beschränkt.[161] Somit werden also nicht mehr die Kommanditisten die Kontrolle über den Stiftungsvorstand und damit die Geschäftsführung der KG wahrnehmen können, so dass damit die Gefahr ausgeschlossen ist, dass eine zu große Gesellschafterversammlung mit eventuell vorhandenen nicht qualifizierten und nicht motivierten Gesellschaftern eine ineffiziente Kontrolle ausübt. Im Regelfall werden der Stiftungsvorstand und damit die Geschäftsführung der KG nun durch das Stiftungskuratorium kontrolliert. Damit kann zumindest gewährleistet werden, dass in die Stiftungsorgane nur fachlich qualifizierte Personen berufen werden. Ggf. wäre aber wieder denkbar, dass es zu einer personellen Überschneidung zwischen Stiftungsvorstand und Kuratorium kommt. Auch in diesem Fall ist, wie schon oben bei der Familienstiftung beschrieben, nicht mit einer effizienten Kontrolle durch die Stiftung zu rechnen. Auch dieser Fall ist jedoch, wie ebenfalls oben beschrieben, im Regelfall nicht zu erwarten. Es wird aus Effizienzgesichtspunkten allgemein anerkannt, dass eine Personalunion von Kontrollorgan und Exekutivorgan zu vermeiden ist.[162]

Als Ergebnis bleibt also festzuhalten, dass der Schnittstellenkonflikt nicht per se durch die Stiftung & Co. KG gelöst wird. Dies wäre nur möglich, wenn die Gesellschafterversammlung und damit die Familiengesellschafter von der Kontrolle der Geschäftsführung entbunden sind. Bei dem dann für die Kontrolle des Stiftungsvorstands und damit der Geschäftsführung der KG zuständigen Stiftungskuratorium bzw. ggf. einem Beirat ist dafür zu sorgen, dass keine Personenidentität zwischen Kontroll- und Exekutivorgan möglich ist.

---

[160] Vgl. hierzu ebenso Pöllath / Richter (2009a), S. 431.
[161] Vgl. hierzu die Ausführungen bei Binz / Sorg (2003) S. 94 ff. und S. 531.
[162] Vgl. Hof (2009), S. 222; Vgl. ebenso Höfner-Byok (1996), S. 107.

3.5 Strategie – Tagesgeschäft

3.5.1 Gemeinnützige Stiftung

Die starke Stellung eines geschäftsführenden Gesellschafters kann in Familienunternehmen dazu führen, dass patriarchalische Strukturen ausgeprägt sind, die die Bildung von Führungsstrukturen und -kompetenzen verhindern. In solchen Fällen besteht häufig die Gefahr, dass die Strategieentwicklung intuitiv durch den Patriarchen und damit ohne den Einbezug des Wissens der übrigen Mitarbeiter erfolgt. Eine zu starke Fokussierung auf das operative Geschäft ist die Folge. In einer immer komplexer werdenden Welt bergen diese auf eine Person fixierten Führungsstrukturen jedoch die Gefahr, dass Trends und Entwicklungschancen am Markt verschlafen werden, so dass schlimmstenfalls die Zukunft des Unternehmens auf dem Spiel steht.

Wenn eine gemeinnützige Stiftung Eigentümerin eines Unternehmens wird, existieren keine Gesellschafter mehr. Damit kann es auch keinen dominanten geschäftsführenden Gesellschafter mehr geben, der auf Grund seiner Stellung im Gesellschafterkreis und im Unternehmen die strategischen Entscheidungen „einsam" trifft und dadurch die oben beschriebenen Probleme auslöst. Der Schnittstellenkonflikt ist also grundsätzlich gelöst. Auch hier stellt sich jedoch die Frage, ob er sich ggf. in die Stiftung verlagert.

Für die Stiftung handeln keine Eigentümer, sondern deren Organe, die nicht den eigenen, sondern den Willen des Stifters ausführen. Sie werden selbst kein unmittelbares Interesse an einer bestimmten Politik der Stiftung haben, da sie auf Grund des weit gefassten Kreises der Destinatäre in aller Regel selbst nicht als Begünstigte in Betracht kommen. Wie bereits geschrieben, ist darüber hinaus auf Grund des Gemeinnützigkeitsrechts zu beachten, dass keine Personenidentität zwischen dem Vorstand der gemeinnützigen Stiftung und der Geschäftsführung des Unternehmens bestehen und die Stiftung keinen maßgeblichen Einfluss auf das Unternehmen ausüben darf.[163] Eine vergleichbare Konstellation, wie sie sich beim geschäftsführenden Gesellschafter eines Familienunternehmens darstellt, kann also bei einer gemeinnützigen Stiftung nicht konstruiert werden. Es ist daher nicht anzunehmen, dass sich in einem solchen Kontext eine ähnlich starke und dominante Führungsfigur herausbilden wird.

In Kapitel 3.3.1 wurde aus diesen Gründen zudem abgeleitet, dass bei einer gemeinnützigen Stiftung nicht davon auszugehen ist, dass zwischen den Geschäftsführern des Unternehmens Interessenunterschiede auf Grund einer besonderen Stellung bestehen können. Daher ist auch nicht davon auszugehen, dass einer der Geschäftsführer über eine größere formale Macht als ein anderer verfügen wird. Insofern kann darauf geschlossen werden, dass sich Führungsstrukturen und -kompetenzen im Unternehmen entwickeln können und daher bei der Strategieentwicklung auch bisher ungenutzte Ressourcen – beispielsweise die Mitarbeiter des Unternehmens – mit einbezogen werden.

Als Ergebnis bleibt also festzuhalten, dass dieser Schnittstellenkonflikt durch eine gemeinnützige Stiftung behoben werden kann.

3.5.2 Familienstiftung

Wie bei der gemeinnützigen Stiftung ist der Schnittstellenkonflikt wegen des nicht mehr vorhandenen dominanten geschäftsführenden Gesellschafters grundsätzlich behoben. Dennoch könnte der Konflikt auf die Stiftung übertragen werden.

Wie bereits mehrfach erläutert ist eine personelle Trennung zwischen Stiftungsvorstand und Unternehmensleitung nicht zwingend vorgesehen. Da die Familienstiftung zudem in aller Regel als Familientreuhänder eingesetzt wird, ist es auch nicht unüblich, dass Familienmitglieder Funktionen in den Organen der Stiftung wahrnehmen. So wäre also denkbar, dass ein Familienmitglied in der

---

[163] Vgl. Berndt (2009), S. 428.

Geschäftsführung des Unternehmens tätig ist und gleichzeitig auch Destinatär der Stiftung ist. Zwar hat das Familienmitglied keinen Anspruch auf Leistungen durch die Stiftung, es kann aber als Destinatär potenziell an den Leistungen der Stiftung partizipieren. Insofern besteht eine besondere Beziehung zum Unternehmen, da ein solcher Geschäftsführer eben nicht nur ein Einkommen aus dem Unternehmen bezieht, sondern über die Stiftung auch an dessen Gewinn potenziell partizipieren kann. Eine solche Konstellation wäre durchaus mit der eines geschäftsführenden Gesellschafters vergleichbar. Sofern das Familienmitglied alleiniger Geschäftsführer des Unternehmens ist, könnten auf Grund dieser besonderen Beziehung zum Unternehmen auch patriarchalische Führungs- und Entscheidungsstrukturen erhalten bleiben. Damit wäre der Schnittstellenkonflikt in die Stiftung verlagert.

Wie oben bereits mehrfach angesprochen, ist eine solche Konstellation sicherlich nur theoretisch denkbar. Der Stifter verfolgt mit der Stiftung in erster Linie ja gerade das Ziel, die Unternehmenskontinuität unabhängig von seiner Familie zu sichern. Das schließt dann zwar trotzdem nicht aus, dass Familienmitglieder auch Funktionen in den Organen der Stiftung und – sofern die notwendige Qualifikation vorhanden ist – auch Führungsfunktionen im Unternehmen wahrnehmen können, jedoch ist nicht davon auszugehen, dass einem Familienmitglied eine derartig hervorgehobene Stellung im Unternehmen zugedacht wird.

Als Ergebnis bleibt also festzuhalten, dass der Schnittstellenkonflikt nicht automatisch gelöst wird, wenn eine Familienstiftung Eigentümerin des Unternehmens wird. Er kann aber behoben werden, wenn Familienmitglieder entweder gar nicht als Geschäftsführer des Unternehmens oder zumindest nicht als alleinige Geschäftsführer des Unternehmens arbeiten dürfen und ihnen dabei keine besonders hervorgehobene Stellung eingeräumt wird. Als eine andere Lösung käme bspw. auch in Betracht, wenn einem Aufsichtsgremium oder Beirat ein Mitwirkungsrecht bei der Strategieentwicklung eingeräumt wird, was auch bei

Familienunternehmen außerhalb der Rechtsform des Aktienrechts durchaus üblich ist.[164]

3.5.3 Stiftung & Co. KG

Da bei einer Stiftung & Co. KG mit den Kommanditisten nach wie vor Gesellschafter bestehen, ist grundsätzlich auch denkbar, dass einer der Kommanditisten, wenn er gleichzeitig alleiniger Stiftungsvorstand und damit auch Geschäftsführer der KG ist, eine ähnlich dominante Rolle wie ein geschäftsführender Gesellschafter einnehmen kann. Dies wäre dann denkbar, wenn die Stiftung & Co. KG ähnlich der GmbH & Co. KG den Kommanditisten der Kontrolle über das Unternehmens dienen soll. Auch hier ist wieder der bereits mehrfach zitierte mögliche Fall heranzuziehen, bei dem ein Stifter alle seine Kinder zwar vermögensrechtlich gleich bedenken will, aber nur dem qualifiziertesten die Geschäftsführung des Unternehmens vorbehalten möchte. Eine solche Konstellation kann also dazu führen, dass patriarchalische Strukturen erhalten bleiben und damit der Schnittstellenkonflikt nicht gelöst wird.

Demgegenüber käme auch die schon vielfach beschriebene andere Fallkonstellation in Betracht, bei dem der Stifter Herrschaftsmacht und Gesellschafterstellung strikt trennen will. In einem solchen Fall werden Familienmitglieder in den Stiftungsorganen keine Funktionen wahrnehmen dürfen. Da die Stiftungsorgane also weder Kommanditisten noch Destinatäre der Stiftung sind, ist die Konstellation mit der bei der gemeinnützigen Stiftung vergleichbar. Es ist nicht anzunehmen, dass sich in einem solchen Kontext eine ähnlich starke und dominante Führungsfigur herausbilden wird. Mit vergleichbaren patriarchalischen Strukturen bei der Strategieentwicklung ist also nicht zu rechnen. In diesem Falle wäre der Schnittstellenkonflikt also gelöst.

Als Ergebnis kann also festgehalten werden, dass der Schnittstellenkonflikt bei der Rechtskonstruktion der Stiftung & Co. KG nicht grundsätzlich behoben wer-

[164] Vgl. Hennerkes / Kirchdörfer (1998), S. 73; Vgl. ebenso Wiedemann / Kögel (2008), S. 14.

den kann. Sofern jedoch keine Kommanditisten Stiftungsvorstand werden können oder diese zumindest nicht alleinige Stiftungsvorstände sind und ihnen dabei keine hervorgehobene Stellung eingeräumt wird, kann der Konflikt behoben werden. Um eine hervorgehobene Stellung zu verhindern, kann in diesem Kontext, wie bereits erwähnt, auch in Betracht kommen, einem Aufsichtsgremium oder Beirat ein Mitwirkungsrecht bei der Strategieentwicklung einzuräumen.[165]

3.6 Ausschüttung – Thesaurierung

3.6.1 Gemeinnützige Stiftung

Innerhalb des Gesellschafterkreises eines Familienunternehmens können sich auf Grund unterschiedlicher Interessenlagen Streitigkeiten bezüglich der Gewinnverwendung ergeben.

Da die Stiftung keine Eigentümer hat, ist der Schnittstellenkonflikt grundsätzlich gelöst, allerdings könnte auch hier die Gefahr bestehen, dass er in die Stiftung verlagert wird.

So hat eine Stiftung zwar weder Eigentümer noch Mitglieder, aber Begünstigte. Im Vergleich zur Familienstiftung, bei der der Kreis der Destinatäre eng gefasst ist und bei der einzelne Begünstigte auf Grund ihrer Zugehörigkeit zur Familie klar abgegrenzt werden können,[166] verfügt eine gemeinnützige Stiftung über einen sehr viel weiter gefassten und nicht auf konkret benannte, einzelne Personen begrenzten Kreis an Begünstigten. Dadurch und auf Grund der Tatsache, dass ein Einzelner keinen Anspruch auf Leistungen der Stiftung hat, ist nicht davon auszugehen, dass potenzielle Destinatäre gegenüber der Stiftung Ausschüttungen fordern könnten. Die eigentümerlose Stiftung wird durch deren Organe vertreten. Diese handeln nach dem Willen des Stifters. Organmitglieder haben daher selbst kein unmittelbares Eigeninteresse an der Stiftung, was auch darin zum Ausdruck kommt, dass sie abgesehen von einer Aufwandsentschä-

---

[165] Vgl. Hennerkes / Kirchdörfer (1998), S. 73; Vgl. ebenso Wiedemann / Kögel (2008), S. 14.
[166] Vgl. Auwera (2008), S. 31.

digung bzw. einer Vergütung[167] nicht am Erfolg der Vermögensverwaltung beteiligt sind. Darüber hinaus ist, wie bereits mehrfach beschrieben, nicht davon auszugehen, dass sie selbst als Destinatäre in Betracht kommen. Selbst wenn dies doch einmal der Fall sein sollte, verbietet die Treue- und Loyalitätspflicht die eigennützige Wahrnehmung von Geschäftschancen.

Als Ergebnis bleibt also festzuhalten, dass der Schnittstellenkonflikt durch die gemeinnützige Stiftung gelöst wird.

3.6.2 Familienstiftung

Die Familienstiftung hat auch keine Gesellschafter und Mitglieder, so dass der Schnittstellenkonflikt auch hier prinzipiell gelöst ist. Im Vergleich zur gemeinnützigen Stiftung ist der Kreis der Begünstigten der Stiftung sehr viel konkreter gefasst, weil er sich auf die Mitglieder einer oder mehrerer Familien beschränkt. Es besteht also auch hier die Gefahr der Verlagerung.

Destinatäre haben in aller Regel keinen Anspruch auf Leistungen seitens der Stiftung,[168] so dass bei einem unbestimmten Destinatärkreis wie bei der gemeinnützigen Stiftung nicht anzunehmen ist, dass Forderungen aus dem Kreis der (potenziellen) Destinatäre gegenüber der Stiftung erhoben werden. Dadurch, dass im Falle der Familienstiftung aber Familienmitglieder am Ertrag der Stiftung partizipieren können und diese darüber Kenntnis haben, ist davon auszugehen, dass sie Forderungen gegenüber der Stiftung geltend machen werden, um an den Erträgen partizipieren zu können. Sofern bspw. ein Destinatär an die Stiftung herantritt, weil er für einen in der Stiftungssatzung festgelegten Zweck Unterstützung benötigt, stellen sich für die Stiftung als Eigentümerin des Unternehmens dieselben Probleme des Schnittstellenkonflikts wie bei einem Familienunternehmen: Auf der einen Seite befindet sich das Unternehmen ggf. in einer schwierigen finanziellen Lage und ist auf die Thesaurierung von Gewinnen angewiesen, auf der anderen Seite benötigt ein Destinatär von der Stiftung

[167] Vgl. Hof, (2009), S. 237; Vgl. ebenso Berndt (2009), S. 130.
[168] Vgl. Berndt (2009), S. 137.

Unterstützung. Sofern auch Familienmitglieder in den Stiftungsorganen vertreten sind, kann sich dieser Konflikt noch zusätzlich zuspitzen. Der Konflikt kann nur dann verhindert werden, wenn im Gesellschaftsvertrag des Unternehmens Regelungen zur Gewinnverwendung getroffen werden und wenn ein von der Stiftung unabhängiges Gremium zur Festlegung der Gewinnverwendung benannt wird, in dem die Destinatäre und Stiftungsorgane entweder gar nicht oder nur in der Minderheit vertreten sein dürfen, so dass Mehrheitsbildungen zu ihren Gunsten ausgeschlossen sind.

Als Ergebnis kann also festgehalten werden, dass der Schnittstellenkonflikt in die Stiftung verlagert wird, außer wenn Regelungen zur Frage von Ausschüttung und Thesaurierung getroffen werden und die Stiftung als Eigentümerin bzw. deren Organe über die Gewinnverwendung nicht entscheiden dürfen.

3.6.3 Stiftung & Co. KG

Mit den Familienmitgliedern als Kommanditisten sind bei einer Stiftung & Co. KG nach wie vor Familiengesellschafter vorhanden. Unabhängig davon, ob die Stiftung als Komplementärin der Vermittlung der Kontrolle der Kommanditisten über das Unternehmen dient oder gerade der Entmachtung dieser, weil sie eine Stiftung wesensmäßig eben nicht kontrollieren können,[169] sind grundsätzlich alle Gesellschafter, also auch die Kommanditisten, nach § 168 HGB am Gewinn der Gesellschaft beteiligt.[170] Der Schnittstellenkonflikt existiert also weiter und könnte in diesem Fall nur gelöst werden, wenn über die Gewinnverwendung von einem unabhängigen Gremium entschieden würde, in dem entweder keine oder zumindest nur so wenige Kommanditisten vertreten sein dürfen, dass eine Mehrheitsbildung zu deren Gunsten ausgeschlossen ist. Es wäre grundsätzlich aber auch möglich, die Gewinnbeteiligung einzelner oder aller Kommanditisten mit deren Zustimmung einzuschränken oder gar ganz auszuschließen.[171] Auch in diesem Fall könnte der Konflikt also gelöst werden, wobei nicht damit zu

---

[169] Vgl. Pöllath / Richter (2009a), S. 427.
[170] Vgl. Binz / Sorg (2003), S. 81.
[171] Vgl. Binz / Sorg (2003), S. 81.

rechnen ist, dass dies häufig anzutreffen sein wird. Die Stiftung & Co. KG dient als Konstruktion bei Familienunternehmen ja gerade dazu, Herrschaftsmacht und Gesellschafterstellung voneinander zu trennen. Die Familie soll also am Unternehmen vermögensrechtlich beteiligt bleiben und am Erfolg des Unternehmens partizipieren können.

Selbst wenn in Einzelfällen die Gewinnbeteiligung eingeschränkt oder ganz ausgeschlossen wird, können die Familiengesellschafter auch als Destinatäre der Stiftung am Erfolg des Unternehmens partizipieren, denn – wie in Kapitel 1.3.2.3 beschrieben – wird es sich bei der Komplementärstiftung regelmäßig um eine Familienstiftung handeln. An dieser Stelle sei auf diese verwiesen: Auch wenn Destinatäre im Regelfall keinen Anspruch auf Leistungen haben, können sie am Ertrag der Stiftung partizipieren. Sofern diese die Unterstützung der Stiftung brauchen, das Unternehmen aber auf die Thesaurierung der Gewinne angewiesen ist, bleibt der Schnittstellenkonflikt erhalten.

Im Ergebnis kann damit gesagt werden, dass der Schnittstellenkonflikt auf die Stiftung & Co. KG verlagert wird. Lediglich wenn die Gewinnbeteiligung der Kommanditisten ausgeschlossen wird, Regelungen zur Gewinnverwendung getroffen werden und die Organe der Stiftung (wenn sie mit Mitgliedern der Familie besetzt sind) bzw. die Kommanditisten als Gesellschafter über die Gewinnverwendung nicht entscheiden dürfen, kann er behoben werden.

3.7 Sicherstellung einer qualifizierten Nachfolge

3.7.1 Gemeinnützige Stiftung

Da sich das Familienunternehmen im Eigentum einer gemeinnützigen Stiftung befindet und da die Stiftung keine Eigentümer hat, kann es folglich keine Familiengesellschafter mehr geben, die auf der einen Seite den Wunsch äußern, dass die eigenen Kinder in die Geschäftsführung berufen werden, während sie diesem Wunsch gleichzeitig skeptisch gegenüberstehen. Ebenso gibt es keine potenziellen familieninternen Nachfolger. Der Schnittstellenkonflikt existiert also grundsätzlich nicht mehr.

Es stellt sich auch hier die Frage nach der Verlagerung. Für die Stiftung handeln die Organe der Stiftung. Sofern diese bzw. die für die Berufung der Geschäftsführung zuständigen Gremien nur aus familienfremden Mitgliedern bestehen, gibt es keinerlei Anzeichen dafür, dass der Konflikt verlagert werden könnte. Die Gremienmitglieder sind weder Eigentümer noch Destinatäre und haben daher selbst kein unmittelbares Interesse an der Politik der Stiftung, so dass – wie in Kapitel 3.3.1 bereits erläutert wurde – davon auszugehen ist, dass ausschließlich die Qualifikation der potenziellen Geschäftsführer bei der Entscheidung eine Rolle spielt, selbst wenn sich unter den Kandidaten auch Familienmitglieder des Stifters befinden. Eine Verlagerung kommt auch dann nicht in Betracht, wenn Familienmitglieder in den für die Berufung der Geschäftsführung zuständigen Organen der Stiftung bzw. den dafür zuständigen anderen Gremien vertreten sind. Zwar könnten die Organmitglieder der Familie – wenn diese in einem engen familiären Bezug zueinander stehen – den Wunsch haben, dass auch Familienmitglieder die Geschäftsführungsposition übernehmen und diese daher im Falle einer Kandidatur bevorzugen (vgl. hierzu die Ausführungen in Kapitel 3.3.1). Die für Familienunternehmen typischen Nachfolgekonflikte werden aber nicht entstehen. Mit dem Tod der Eltern erben deren Kinder die Anteile am Familienunternehmen und damit häufig auch die Führungsverantwortung für das Unternehmen. Wenn sich die Unternehmensanteile jedoch im Eigentum einer Stiftung befinden, entsteht diese Folge nicht. Auf den Beteiligten lastet also nicht der Druck, die Nachfolge regeln zu müssen, da diese bei der Stiftungslösung unabhängig von der Familie erfolgen kann, so dass typische Dynamiken zwischen Eltern und Nachfolgern nicht entstehen werden. Als Ergebnis kann also festgehalten werden, dass dieser Aspekt des Konflikts nicht in die Stiftung verlagert wird.

Auch der Konflikt, welcher Personenkreis die Geschäftsführung wählen bzw. abberufen darf, besteht grundsätzlich nicht mehr. Die Streitfrage, ob die Auswahl beim Familienunternehmen durch die Gesellschafterversammlung bzw. einen unabhängigen Beirat erfolgen soll (sofern nicht auf Grund gesetzlicher Bestimmungen der Aufsichtsrat zuständig ist), ist bei der Stiftung in der Stiftungssatzung bzw. im Gesellschaftsvertrag durch den Stifter bereits entschieden. Gleiches gilt für die Auswahl der Organmitglieder bzw. Gremienmitglieder. Auch die Wiederbesetzung der Posten nach dem Tod oder Ausscheiden eines Gremienmitglieds wird in der Stiftungssatzung bzw. dem Gesellschaftsvertrag geregelt. Bei einer Stiftung wird dabei häufig das Verfahren der Kooptation, d.h. die Selbstergänzung durch einstimmigen oder jedenfalls mehrheitlich gefassten Beschluss, vorgesehen.[172] Trotz der beschriebenen Konstellation stellt sich auch hier die Frage nach der Verlagerung des Konflikts. Hierbei kann auf die Ergebnisse aus Kapitel 3.3.1 zurückgegriffen werden. Sofern in die Gremien familienfremde Organmitglieder berufen werden, ist nicht davon auszugehen, dass sich diese bei Personalentscheidungen von emotionalen Gründen leiten lassen und der Konflikt in die Stiftung verlagert wird. Sofern der Stifter jedoch auch Familienmitglieder als Organmitglieder beruft, ist es möglich, dass diese aus emotionalen Gründen bspw. ein Familienmitglied zum Geschäftsführer wählen, obwohl dieses nicht die notwendige Qualifikation mitbringt. Gleiches wäre bei einer möglichen Abberufung denkbar. Damit wäre der Konflikt also in die Stiftung verlagert.

Als Ergebnis bleibt festzuhalten, dass dieser Aspekt des Schnittstellenkonflikts nur gelöst werden kann, wenn ein Anforderungskatalog an die potenziellen Geschäftsführer des Unternehmens besteht und keine Familienmitglieder in den Organen der Stiftung bzw. den anderen Gremien vertreten oder diese zumindest in der Minderheit sind, so dass eine Mehrheitsbildung zu ihren Gunsten ausgeschlossen ist.

Bezüglich des dritten Aspekts des Schnittstellenkonflikts (Sicherung der Vermögensnachfolge) ist ebenfalls festzustellen, dass dieser grundsätzlich behoben ist. Die Gefahr eines Verkaufs des gesamten Unternehmens bei einem ent-

---

[172] Vgl. Schiffer (2009), S. 184 f.

sprechenden Angebot ist mangels Gesellschaftern grundsätzlich nicht mehr möglich.[173] Ggf. käme jedoch in Betracht, dass die Stiftungsorgane ihrerseits das Unternehmen verkaufen könnten und der Konflikt damit auf die Stiftung verlagert wäre. Da die Stiftungsorgane selbst weder Gesellschafter noch Destinatäre der Stiftung sind, werden sie an einer Veräußerung der Unternehmensanteile selbst kein unmittelbares Interesse haben. Darüber hinaus sind sie an den Stifterwillen gebunden, der in diesem Fall der Sicherung der Unternehmenskontinuität oberste Priorität einräumt. Allerdings wird Stiftern empfohlen, bei der Stiftungsgestaltung dem Unternehmen die notwendige Flexibilität zu gewähren, um auf Veränderungen der wirtschaftlichen Rahmenbedingungen flexibel reagieren zu können. Hierzu sollte auch die Möglichkeit gehören, die vom Stifter gewünschte „ewige" Verbindung zwischen Unternehmen und Stiftung in letzter Konsequenz lösen zu können.[174] Auf Grund des fehlenden Eigeninteresses der Stiftungsorgane, ist von einer missbräuchlichen Anwendung einer solchen Regelung aber nicht auszugehen. Im Gesamtergebnis kann daher gesagt werden, dass dieser Aspekt des Konflikts durch die Stiftung gelöst wird.

3.7.2 Familienstiftung

In Bezug auf den ersten Aspekt des Schnittstellenkonflikts (Geschäftsführung) ist auf die gemeinnützige Stiftung zu verweisen. Der Schnittstellenkonflikt wird auch hier grundsätzlich behoben. Da Familienmitglieder Destinatäre der Stiftung sind und daher ein Interesse am Erfolg des Unternehmens haben, könnte der Konflikt in die Stiftung verlagert werden. Sofern Familienmitglieder in den Stiftungsorganen bzw. Gremien vertreten sind, ist aber auch hier nicht damit zu rechnen, dass die für Familienunternehmen typischen Nachfolgekonflikte entstehen werden: Da die Familienmitglieder, die in den Organen vertreten sind, selbst nicht Eigentümer sind, werden deren Kinder keine Eigentumsanteile am Unternehmen erben. Damit besteht auch nicht die Gefahr, dass die Erben Verantwortung für das Unternehmen, bspw. als Geschäftsführer, übernehmen müssen. Wenn sich in der Stiftungskonstellation ein Familienmitglied für eine

173 Vgl. Schiffer (2009) S. 442.
174 Vgl. Schiffer (2009), S. 443; Vgl. ebenso Berndt (2009), S. 142.

Mitarbeit im Unternehmen interessiert, wird dies aus freien Stücken erfolgen. Dieser Aspekt des Schnittstellenkonflikts ist also auch bei der Familienstiftung gelöst.

Bezüglich des zweiten Aspekts des Schnittstellenkonflikts (Wahl/Abberufung der Unternehmensführung) ist auf Kapitel 3.3.2 zu verweisen. Grundsätzlich ist er zwar gelöst, es ist aber möglich, dass er auf die Stiftung verlagert wird. Bei starken familiären Bindungen besteht bei den Organmitgliedern bzw. Gremienmitgliedern, die zur Familie gehören, die Gefahr, dass diese aus emotionalen Gründen für ein Familienmitglied als Geschäftsführer stimmen könnten und daher nicht ausschließlich nach Qualifikationsgesichtspunkten entscheiden. Dieser Konflikt kann dann behoben werden, wenn ein Anforderungskatalog an die potenziellen Geschäftsführer des Unternehmens besteht und keine Familienmitglieder in den Organen der Stiftung bzw. in den für die Wahl der Geschäftsführung zuständigen Gremien vertreten oder diese zumindest in der Minderheit sind, so dass eine Mehrheitsbildung zu ihren Gunsten ausgeschlossen ist.

Auch der dritte Aspekt des Schnittstellenkonflikts (Sicherung der Vermögensnachfolge) ist grundsätzlich behoben. Mangels Familiengesellschaftern kann die Gefahr nicht mehr bestehen, dass das Unternehmen bei einem Angebot verkauft wird. Da die Destinatäre hier Familienmitglieder sind und zumindest potenziell am Ertrag der Stiftung partizipieren können, wäre denkbar, dass diese die Stiftung um Unterstützung ersuchen und dabei mehr benötigen, als das Unternehmen für die Stiftung erwirtschaften kann. Zwar haben die Destinatäre keinen Anspruch auf Leistungen der Stiftung und die Stiftung kann auch nur das ausschütten, wie sie erwirtschaftet hat,[175] jedoch könnten die Stiftungsorgane in einem solchem Fall unter Druck geraten und überlegen, das Stiftungsvermögen gegen besser verzinste Anlagen umzuschichten. Die Gefahr eines Verkaufs ist insbesondere dann gegeben, wenn auch Familienmitglieder in den Stiftungsorganen vertreten sind. Zwar kann ein Verkauf des Unternehmens durch die Stiftungssatzung ausgeschlossen werden, wie aber bereits bei der gemeinnützigen

[175] Vgl. Berndt (2009), S. 137.

Stiftung ausgeführt, wird dies nicht empfohlen. In einem solchen Fall kann der Schnittstellenkonflikt nur dann nicht auf die Stiftung verlagert werden, wenn Familienmitglieder nicht in den für die Entscheidung zuständigen Organen der Stiftung bzw. anderen Gremien vertreten sind oder zumindest in der Minderheit sind, so dass eine Mehrheitsbildung zu ihren Gunsten ausgeschlossen ist. Da familienfremde Organmitglieder bzw. familienfremde Mitglieder eines anderen für den Verkauf zuständigen Gremiums selbst kein unmittelbares Interesse an einem Verkauf haben – sie würden bei einer Vermögensumschichtung nicht von ggf. höheren Renditen profitieren können – ist bei diesen davon auszugehen, dass sie nach dem Willen des Stifters handeln und einen Verkauf nur als ultima ratio sehen.

3.7.3 Stiftung & Co. KG

Bezüglich des ersten Aspekts des Schnittstellenkonflikts (Geschäftsführung) ist zunächst festzuhalten, dass mit den Kommanditisten nach wie vor Gesellschafter existieren. Als Komplementärin der Personengesellschaft stellt die Stiftung aber die Geschäftsführung. Unabhängig davon, ob die Stiftung der Vermittlung der Kontrolle der Kommanditisten über das Unternehmen dient oder gerade der Entmachtung dieser, werden die typischen Merkmale dieses Aspekts des Schnittstellenkonflikts nicht mehr auftreten. Der Vorteil der Stiftung & Co. KG ist in diesem Fall genau darin zu sehen, dass die Familie zwar vermögensrechtlich am Unternehmen beteiligt bleibt, aber die Besetzung der Geschäftsführung unabhängig von dieser durch die Stiftung erfolgt. Sofern ein Kommanditist stirbt, der gleichzeitig auch Stiftungsvorstand und damit Geschäftsführer der Kommanditgesellschaft war, werden seine Erben zwar die Vermögensnachfolge antreten, diese ist aber nicht mit der Verantwortung verknüpft, ggf. auch die Geschäftsführung des Unternehmens zu übernehmen. Es muss damit zwar nicht ausgeschlossen sein, dass ein fähiger und gewillter Kommanditist zum Geschäftsführer berufen wird, aber die typischen Konfliktsituationen werden gerade nicht mehr auftreten, da die Geschäftsführungsnachfolge unabhängig von der Familie erfolgen kann. Dieser Aspekt des Schnittstellenkonflikts ist also gelöst.

Bezüglich des zweiten Aspekts (Wahl/Abberufung der Unternehmensführung) ist auf Kapitel 3.3.3 zu verweisen. Sofern Familienmitglieder auch im Stiftungskuratorium sitzen, kann nicht ausgeschlossen werden, dass auch emotionale Gründe bei der Wahl des Stiftungsvorstands eine Rolle spielen, so dass dieser Aspekt des Konflikts in die Stiftung verlagert wird. Er kann nur dann gelöst werden, wenn Familienmitglieder nicht im Stiftungskuratorium zugelassen sind oder dort zumindest in der Minderheit sind, so dass keine Mehrheitsbildung zu deren Gunsten möglich ist.

Die Stiftung ist über ihre Komplementär-Stellung in der Lage, eine Garantiefunktion für den Stifterwillen zu erfüllen. Und das, obwohl Gesellschafter nach wie vor existieren. Bezüglich des dritten Aspekts (Sicherung der Vermögensnachfolge) kann der Stifter also die Unternehmenskontinuität mit der Komplementärstiftung sichern und einem Verkauf bei einem entsprechenden Angebot vorbeugen. Denn es ist anzunehmen, dass sowohl die Gesellschafter als auch, wie bei der Familienstiftung beschrieben, die Destinatäre durchaus das Interesse an einem Verkauf bzw. einer Vermögensumschichtung haben könnten. Allerdings sollte den Stiftungsorganen und den Kommanditisten auch hier in der Stiftungssatzung die Möglichkeit nicht verbaut werden, notwendige Veränderungen im Bereich der Stiftung & Co. KG vorzunehmen. Dies kann auch die Liquidation und den Verkauf als ultima ratio einschließen.[176]

Sofern die Familiengesellschafter nicht gleichzeitig auch in den Stiftungsorganen vertreten sein dürfen, wird die Stiftung, deren Organe damit aus familienfremden Mitgliedern bestehen, eventuellen Kaufangeboten für das Unternehmen eine Absage erteilen, da bei einer so weit reichenden Entscheidung wie bei einem Verkauf im Grundsatz von einem einstimmigen Beschluss auszugehen ist, so dass das Unternehmen nicht verkauft wird. Die Stiftungsorgane verfolgen nämlich kein Eigeninteresse, da sie selbst weder Eigentümer noch Destinatäre sind, so dass davon auszugehen ist, dass sie sich an den Stifterwillen halten. Als Ergebnis kann also festgehalten werden, dass von einer miss-

[176] Vgl. Binz / Sorg (2003), S. 529.

bräuchlichen Anwendung einer solchen Regelung nicht auszugehen und der Konflikt daher behoben ist, wenn keine Familienmitglieder in den Stiftungsorganen vertreten sind oder sich diese zumindest in der Minderheit befinden, so dass eine Mehrheitsbildung zu deren Gunsten ausgeschlossen ist.

3.8 Beteiligung familienfremder Dritter – geschlossene Familiengesellschaft

3.8.1 Gemeinnützige Stiftung

Der Selbstfinanzierung bei Beteiligungsträgerstiftungen kommt eine wichtige Bedeutung zu,[177] da diese auf keine Kapitalerhöhung durch Anteilseigner zurückgreifen können, so dass es einer Stiftung als Eigentümerin eines Unternehmens in aller Regel schwerer fallen wird, das für anstehende größere Investitionen erforderliche Kapital zur Verfügung zu stellen. Jedoch kommen gerade bei Beteiligungen an Kapitalgesellschaften die Aufnahme neuer Gesellschafter bzw. Aktionäre in Betracht.[178] Durch eine entsprechende Ausgestaltung der Stimmrechte im Gesellschaftsvertrag der GmbH bzw. bei Vorzugsaktien ohne Stimmrecht kann eine der Kapitalerhöhung entsprechende Verminderung des Einflusses der Stiftung sogar vermieden werden. Allerdings ist zu klären, ob damit neue Gesellschafter bzw. Aktionäre angelockt werden können.[179]

Da eine Stiftung keine Gesellschafter hat, existiert also grundsätzlich auch der Schnittstellenkonflikt nicht mehr. Es stellt sich die Frage der Verlagerung auf die Stiftung. Die für die Stiftung handelnden Organe sind an den Stifterwillen gebunden. Da das Hauptmotiv für die Stiftung in aller Regel der Erhalt des Unternehmens ist, kann es notwendig sein, auch Dritte am Unternehmen zu beteiligen, damit notwendige Investitionen, die sonst nicht finanziert werden könnten, gestemmt werden können. Da die für diese Entscheidung zuständigen Organmitglieder bzw. Mitglieder anderer Gremien kein Eigeninteresse haben – sie

[177] Vgl. Berndt (2009), S. 410 und 422.
[178] Vgl. Schiffer (2009), S. 444.
[179] Vgl. Berndt (2009), S. 422.

sind weder Eigentümer der Stiftung noch Destinatäre (was auch für eventuell in den Stiftungsorganen oder anderen Gremien vorhandene Familienmitglieder gilt) – werden sie eine Beteiligung Dritter sachlich abwägen und nicht allein deshalb ablehnen, wenn der Dritte im Gegenzug ein gewisses Maß an direkter Kontrolle über die Gesellschaft verlangt. Die Gefahr, dass die Wettbewerbsfähigkeit bzw. zukünftige Entwicklung wegen fehlender Investitionen gefährdet werden könnte, weil wie beim Familienunternehmen einzelne Gesellschafter aus Angst vor der Einflussnahme Dritter die Aufnahme familienfremder Dritter ablehnen, wird hier also nicht anzutreffen sein. Der Schnittstellenkonflikt ist damit gelöst.

3.8.2 Familienstiftung

Auch hier besteht der Schnittstellenkonflikt mangels Gesellschaftern grundsätzlich nicht mehr, so dass ggf. eine Verlagerung in die Stiftung in Betracht kommt. Sofern keine Familienmitglieder in den Stiftungsorganen bzw. den anderen Gremien vertreten sind, die für eine solche Entscheidung zuständig sind, gilt das zur gemeinnützigen Stiftung Gesagte. Zwar könnten Destinatäre versuchen, auf die familienfremden Organmitglieder Einfluss zu nehmen, da diese selbst jedoch kein Eigeninteresse haben, wird der Konflikt in diesem Fall nicht in die Stiftung verlagert. Sofern jedoch Familienmitglieder neben ihrer Stellung als Destinatäre in den Stiftungsorganen bzw. anderen Gremien vertreten sind, wäre eine Verlagerung denkbar: Da sie an den Erträgen der Stiftung zumindest potenziell partizipieren können, könnten sie den Verlust von Einfluss auf das Unternehmen befürchten und damit auch ihre Partizipationsmöglichkeit schwinden sehen. Dies kommt insbesondere dann in Betracht, wenn zwischen Stiftungsvorstand und Unternehmensleitung eine Personenidentität besteht. Es kann daher die Gefahr bestehen, dass die Beteiligung Dritter an der Gesellschaft nicht erfolgt und damit die weitere Entwicklung des Unternehmens auf dem Spiel steht. Als Ergebnis kann also festgehalten werden, dass der Konflikt durch die Familienstiftung nicht per se behoben wird. Eine Verlagerung kann aber verhindert werden, wenn in den zuständigen Stiftungsorganen bzw. anderen Gremien keine Familienmitglieder zugelassen sind oder diese zumindest in der Minderheit sind, so dass eine Mehrheitsbildung zu deren Gunsten ausgeschlossen ist.

3.8.3 Stiftung & Co. KG

So wie eine GmbH & Co. KG durch Aufnahme weiterer Kommanditisten ihre Kapitalbasis erweitern kann,[180] ist dies auch bei der Stiftung & Co. KG möglich. Da bei der Stiftung & Co. KG mit den Kommanditisten nach wie vor Familiengesellschafter existieren, könnten sich diese gegen die Aufnahme familienfremder Gesellschafter aussprechen, weil sich ein fremder Kapitalgeber selten ohne ein gewisses Maß an Kontrolle über die Gesellschaft auf eine Beteiligung einlässt.

Wie bereits erwähnt, sind unterschiedliche Ausgestaltungen der Stiftung & Co. KG denkbar. So ist es möglich, die Kommanditisten durch die Komplementärstiftung weitestgehend zu entmachten. In diesem Fall ist davon auszugehen, dass die den Kommanditisten zustehenden Rechte im Gesellschaftsvertrag soweit wie rechtlich zulässig eingeschränkt werden. Da es sich bei der Frage der Beteiligung familienfremder Dritter an der Gesellschaft aber um eine Maßnahme handelt, die das Gesellschaftsverhältnis selbst betrifft (ein sog. Grundlagengeschäft), bedarf eine solche Maßnahme der Zustimmung aller Gesellschafter, sofern der Gesellschaftsvertrag abweichend nicht eine Mehrheitsklausel zulässt.[181] Da ein Kommanditist bei einer so weitreichenden Entscheidung beteiligt sein muss, kann im Ergebnis gesagt werden, dass der Schnittstellenkonflikt durch die Stiftung & Co. KG nicht gelöst ist. Er kann auch nicht durch bestimmte Maßnahmen verhindert werden.

180 Vgl. Binz / Sorg (2003), S. 10.
181 Vgl. Fabis (2007), S. 333.

3.9 Kündigung – Ausschließung – Abfindung

3.9.1 Gemeinnützige Stiftung

Da Stiftungen keine Eigentümer haben, kann es folglich keine Familiengesellschafter mehr geben, die ihren Gesellschaftsanteil kündigen könnten oder die gegen ihren Willen ausgeschlossen werden könnten. Auch der für das Unternehmen bedrohliche Kapital- und Liquiditätsabfluss sowie Abfindungszahlungen sind ausgeschlossen. Der Schnittstellenkonflikt ist also grundsätzlich gelöst. Es stellt sich jedoch auch hier die Frage, ob er auf die Stiftung verlagert wird. Für die Stiftung handeln die Stiftungsorgane. Grundsätzlich kann sowohl ein Mitglied des Vorstands als auch des Kuratoriums sein Amt jederzeit von sich aus niederlegen, es sei denn, aus der Satzung oder dem Anstellungsvertrag ergibt sich ausnahmsweise etwas anderes. Ebenso ist eine Abberufung eines einzelnen Organmitglieds aus wichtigem Grund durch die ernennende Instanz möglich.[182] Bei grober Pflichtverletzung oder bei Unfähigkeit zur Amtsführung wegen schwerer Krankheit kann eine Abberufung sogar durch die Stiftungsaufsicht vorgenommen werden.[183] Die „Kündigung" durch Organmitglieder bzw. die „Ausschließung" von Organmitgliedern ist also grundsätzlich möglich. Allerdings treten in diesen Fällen nicht die für Familienunternehmen typischen Folgen ein. Da die Organmitglieder nicht Eigentümer sind, zieht die Niederlegung eines Amtes bzw. die Abberufung nicht einen Kapital- und Liquiditätsabfluss beim Unternehmen nach sich. Auch Abfindungszahlungen werden nicht entstehen. Diese Ausführungen sind analog auch auf weitere mögliche Gremien, die bei einer Stiftungslösung bestehen können, übertragbar. Als Ergebnis kann also festgehalten werden, dass der Schnittstellenkonflikt behoben ist.

---

[182] Vgl. Schiffer (2009), S. 187 f.

[183] Dies sehen die meisten Stiftungsgesetze in schwerwiegenden Fällen vor, vgl. Schiffer (2009), S. 188.

3.9.2 Familienstiftung

Bei der Familienstiftung kann bei diesem Konflikt auf die gemeinnützige Stiftung verwiesen werden. Die Unterscheidungen zwischen Familienstiftung und gemeinnütziger Stiftung bezüglich des Kreises der Destinatäre und der Möglichkeit, auf das Unternehmen maßgeblichen Einfluss ausüben zu können, spielen bei der Beantwortung dieses Schnittstellenkonflikts keine Rolle. Im Ergebnis kann also gesagt werden, dass der Schnittstellenkonflikt auch bei der Familienstiftung behoben ist.

3.9.3 Stiftung & Co. KG

Da bei einer Stiftung & Co. KG mit den Kommanditisten nach wie vor Gesellschafter existieren, sind Kündigungen und Ausschließungen mit den damit verbundenen Folgen für das Unternehmen grundsätzlich nach wie vor denkbar. Der Konflikt ist damit nicht per se gelöst.

Die Gefahr einer Kündigung durch einzelne Kommanditisten lässt sich selbst bei Anwendung aller juristischen Kunstgriffe rechtlich nicht ausschließen.[184] Allerdings ist es möglich, die Folgen für das Unternehmen abzumildern: So ist es zulässig, die Kündigungsmöglichkeit auf lange Zeit hinauszuschieben. Ebenfalls kommen die Kürzung des Abfindungsanspruchs und eine langfristige Ratenzahlung in Betracht, um die Kündigung möglichst unattraktiv zu machen.[185]

Auch die Ausschließung und die damit verbundenen Folgen lassen sich nicht grundsätzlich verhindern. Zwar können je nach konkreter Ausgestaltung der Stiftung & Co. KG die Mitwirkungs- und Stimmrechte der Kommanditisten stark eingeschränkt werden, so dass einzelne Kommanditisten in solchen Fällen kaum Möglichkeit zu destruktivem Verhalten haben werden, was eine Ausschließung ggf. gar nicht notwendig macht. In der Literatur wird empfohlen, den Kommanditisten im Gesellschaftsvertrag das Recht einzuräumen, die Stiftung

---

[184] Vgl. Höfner-Byok (1996), S. 141; Vgl. ebenso Binz / Sorg (2003), S. 529.
[185] Vgl. Höfner-Byok (1996), S. 154 ff.; Vgl. ebenso Binz / Sorg (2003), S. 529.

durch (qualifizierten) Mehrheitsbeschluss aus der KG ausschließen zu können. Damit soll die Stiftungsgestaltung die für das Unternehmen erforderliche Flexibilität gewährleisten, auf Veränderungen der wirtschaftlichen Rahmenbedingungen durch eine Änderung der Unternehmensstruktur reagieren zu können.[186]

Als Ergebnis bleibt also festzuhalten, dass dieser Schnittstellenkonflikt durch die Stiftung & Co. KG nicht gelöst werden kann. Er kann auch nicht durch bestimmte Maßnahmen verhindert, sondern – wie beschrieben – höchstens abgemildert werden.

3.10 Fazit

Wie die Analyse dieses Kapitels zeigt, können mit der gemeinnützigen Stiftung die meisten der Schnittstellenkonflikte gelöst werden. Bei der Familienstiftung und der Stiftung & Co. KG werden die meisten Konflikte hingegen nicht per se gelöst, sondern in die Stiftung verlagert. Allerdings ist anzumerken, dass von zwei Konflikten bei der Stiftung & Co. KG abgesehen, die durch deren Einsatz nicht behoben werden können, alle anderen Konflikte durch eine entsprechende Ausgestaltung der Stiftungskonstruktion beseitigt werden können.

Diese Ergebnisse lassen sich wie folgt erklären: Angesichts des weit gefassten Kreises der Destinatäre und der Tatsache, dass die für die gemeinnützige Stiftung als Eigentümerin des Unternehmens handelnden Personen in aller Regel nicht zum Kreis der Begünstigten gehören, ist bei den Organmitgliedern nicht von einem unmittelbaren persönlichen Interesse an der Stiftung oder dem Unternehmen auszugehen. Da diese weder Eigentümer noch Destinatäre sind, werden sie sich in den meisten Fällen – selbst wenn Familienmitglieder des Stifters in den Stiftungs- oder Unternehmensorganen vertreten sind, dem Willen des Stifters verpflichtet fühlen. Darüber hinaus besteht auf Grund der gemeinnützigkeitsrechtlichen Bestimmungen eine größere Distanz zwischen der Stiftung als Eigentümerin und dem Unternehmen, da die Stiftung bspw. keinen

---

[186] Vgl. Binz / Sorg (2003), S. 530; Vgl. ebenso Schiffer (2009), S. 443.

maßgeblichen Einfluss auf die Geschäftsführung des Unternehmens ausüben darf. Die damit in Zusammenhang stehende nicht zulässige Personenidentität zwischen Stiftungsvorstand und Unternehmensführung kann daher ebenfalls die Verlagerung zahlreicher Konflikte in die Stiftung verhindern.

Demgegenüber unterscheidet sich die Familienstiftung darin, dass der Einfluss der Stiftung auf das Unternehmen nicht zwangsläufig eingeschränkt sein muss, so dass also eine Personenidentität zwischen Stiftungsvorstand und Unternehmensführung durchaus denkbar ist. Zum anderen ist der Kreis der Destinatäre durch die Begünstigung einer oder mehrerer Familien hier sehr viel konkreter gefasst als bei der gemeinnützigen Stiftung. Die Destinatäre werden wegen der Partizipationsmöglichkeit ein Interesse an der Stiftung und am Unternehmen haben und daher auf die Stiftung und das Unternehmen Einfluss nehmen wollen. Die Familienstiftung kann folglich nur dann die Schnittstellenkonflikte lösen, wenn die Einflussmöglichkeiten der Stiftung auf das Unternehmen eingeschränkt sind und eine klare personelle Trennung zwischen der Ausübung der Gesellschafterrechte, der Kontrolle und der Unternehmensführung vorliegt, wie dies bspw. bei der Aktiengesellschaft der Fall ist. Darüber hinaus können die Schnittstellenkonflikte auch nur dann gelöst werden, wenn der Einfluss der Familie, die ja Begünstigte der Stiftung ist, so begrenzt wird, dass sie in den Entscheidungsgremien der Stiftung und des Unternehmens entweder gar nicht vertreten ist oder zumindest in der Minderheit ist, so dass eine Mehrheitsbildung zu ihren Gunsten ausgeschlossen ist. Hiervon wird in den meisten Fällen in der Praxis auch auszugehen sein, da die Stiftung ja gerade dazu dient, Familie und Unternehmen stärker voneinander zu trennen.

Bei der Stiftung & Co. KG existieren nach wie vor Familiengesellschafter. Die Schnittstellenkonflikte können hier also nur dann gelöst werden, wenn deren Einfluss auf ein Mindestmaß begrenzt wird und der mit familienfremden Organmitgliedern besetzten Stiftung im Gesellschaftsvertrag der KG eine starke Stellung eingeräumt wird. Sofern dies nicht der Fall ist, können die Schnittstellenkonflikte nur dann behoben werden, wenn ein von der Familie unabhängiger

Beirat in allen Fragen, die die Familiengesellschafter betreffen, entscheidet. Abgesehen von den letzten beiden Schnittstellenkonflikten – bei denen die Gesellschafterrechte auf Grund gesetzlicher Bestimmungen nicht eingeschränkt werden können – lassen sich mit diesen Lösungsmöglichkeiten alle Schnittstellenkonflikte beheben.

4 Empirische Befunde

4.1 Verfahren qualitativer Analyse

4.1.1 Das problemzentrierte Interview

Neben quantitativen Studien sind besonders in der Sozialforschung qualitative Untersuchungen sehr verbreitet. Während eine quantitative Erhebung feste Antwortmöglichkeiten vorgibt,[187] geht es in der qualitativen Forschung um die Erfassung und Analyse subjektiver Perspektiven und um das verbale Verfassen von Informationen. Das Wissen aus erster Hand rückt in den Vordergrund. Qualitative Forschung will Zusammenhänge und Prozesse nicht nur analysieren können. Vielmehr ist es das Ziel, sich in diese hineinzuversetzen, sie nacherleben zu können oder sie zumindest sich nacherlebend vorzustellen.[188] Darüber hinaus ist die qualitative Analyse bestrebt, die volle Komplexität des untersuchten Gegenstandes erfassen zu wollen. So berufen sich qualitative Verfahren auf die Erkenntnis der Sozialwissenschaften, dass menschliche Wirklichkeit vielfältig und komplex konstruiert wird.[189] Im Falle dieser Arbeit macht das Vorgeben von festen Antwortmöglichkeiten keinen Sinn, vielmehr geht es gerade um die Erfassung und Analyse subjektiver Perspektiven zum Themenkomplex der Arbeit. Daher wurde die qualitative Analyse für die Arbeit gewählt.

Neben Gruppendiskussionen und Beobachtungen steht das Interview als qualitatives Erhebungsverfahren zur Verfügung. Qualitative Interviews sind nicht oder nur teilweise strukturiert. Die verwendeten Fragen werden offen und nicht geschlossen gestellt und enthalten somit keine vorgegebenen Antwortmöglichkeiten. Für die im Rahmen dieser Arbeit durchgeführte Studie wurde das problemzentrierte Interview gewählt. Dieses eignet sich als offenes, halbstrukturiertes, qualitatives Verfahren besonders gut für eine theoriegeleitete Forschung, da es keinen rein explorativen Charakter hat, sondern die Aspekte der vorran-

---

[187] Zum Beispiel durch eine Gliederung, die wie folgt aussehen kann: „Trifft zu“, „Trifft eher zu“, „Weder noch“, „Trifft eher nicht zu“, „Trifft nicht zu“.

[188] Vgl. Mayring (2008), S. 16 f.

[189] Vgl. Schön / Hurrelmann (1979), S. 20.

gigen Problemanalyse in das Interview einbezieht.[190] Da auch zum Thema unternehmensverbundene Stiftungen bereits Erkenntnisse vorhanden sind und die Aspekte der theoriegeleiteten Problemanalyse aus Kapitel 3 in das Interview Eingang finden, erscheint diese Interviewform ein geeignetes Instrument zur Erhebung darzustellen.

Die Interviewthematik wurde auf Basis des theoretischen Bezugsrahmens der Arbeit entwickelt. Nach einem Fragenteil, der zum Verständnis der konkreten Ausgestaltung der Stiftungslösung des Befragten beitragen soll, wurde mit Blick auf die oben beschriebenen Kriterien qualitativer Interviews ein Vorgehen gewählt, das zu Beginn allgemeine Einstiegsfragen zum Themenkomplex vorsieht, die vom Befragten erzählerisch ausgestaltet werden können. Im Anschluss daran wurden die vom Befragten bei den allgemeinen Einstiegsfragen noch nicht erwähnten verbleibenden Themenfelder durch den Interviewer benannt und der Befragte um eine Einschätzung dazu gebeten. Die vom Interviewer entwickelten Leitfragen, die diesem als Gedankenstütze dienen, haben zudem die Funktion, dem Befragten Impulse für eine freie Erzählung zu geben und sich hierbei immer wieder auf das Ausgangsproblem zu beziehen. Ein solcher Leitfaden, der je nach Interviewpartner individuell angepasst wurde, ist im Anhang dieser Arbeit zu finden.

4.1.2 Aufarbeitungsverfahren

Die Aufarbeitung der Interviewdaten ist ein wichtiger Schritt zur Analyse und Auswertung. Für die durchgeführten Interviews wurde die Variante der wörtlichen Transkription mit Übertragung in normales Schriftdeutsch gewählt. Dies kommt insbesondere dann in Betracht, wenn die inhaltlich-thematische Ebene im Vordergrund steht,[191] was bei dieser Arbeit der Fall ist.

---

[190] Vgl. Mayring (1999), S. 52.
[191] Vgl. Mayring (1999), S. 70.

4.1.3 Auswertungsverfahren

Die qualitative Inhaltsanalyse unterscheidet zwischen drei Grundformen der Auswertung: der Zusammenfassung, der Explikation und der Strukturierung. In der vorliegenden Arbeit wurde die Zusammenfassung als Auswertungsverfahren gewählt. Ziel der zusammenfassenden Analyse ist es, „das Material so zu reduzieren, dass die wesentlichen Inhalte erhalten bleiben, durch Abstraktion einen überschaubaren Corpus zu schaffen, der immer noch Abbild des Grundmaterials ist.“[192] Die Zusammenfassung bietet sich an, wenn man – wie in dieser Arbeit – nur an der inhaltlichen Ebene des Materials interessiert ist. Bei der Auswertung der Interviews dieser Arbeit geht es um die Erfassung größerer Bedeutungszusammenhänge und nicht um Mikroanalysen. Insofern werden zusammengehörende Sinneinheiten, auch wenn sie an unterschiedlichen Stellen des Interviews geäußert wurden, zusammengefasst.

Die Zusammenfassung bildet die Grundlage der induktiven Kategorienbildung.[193] Angesichts der Tatsache, dass bei der Ableitung der Schnittstellenkonflikte bereits Kategorien durch den Verfasser dieser Arbeit gebildet wurden, entfällt dieser Schritt der Analyse grundsätzlich. Da die Vorgabe von Kategorien auf den Interviewten einschränkend wirken kann, werden die Interviews bei der zusammenfassenden Analyse auch auf neue, bisher nicht vorhandene Kategorien untersucht. Um eventuell nicht berücksichtigte Kategorien zu erfassen, wurde am Schluss der Interviews zudem die Frage gestellt, ob der Interviewer bestimmte Fragen nicht gestellt hat, die vom Befragten erwartet worden wären.

Ziel der insgesamt durchgeführten fünf Interviews soll und kann nicht sein, abschließende Ergebnisse zu liefern. Vielmehr geht es darum, eine Vorstellung davon zu bekommen, ob sich die theoretischen Ergebnisse aus Kapitel 3 mit den Erfahrungen der ausgewählten Interviewpartner decken oder ob diese eine andere Einschätzung dazu vertreten.

---

[192] Mayring (2008), S. 58.
[193] Vgl. Mayring (2008), S. 74.

4.1.4 Studienteilnehmer

Bei der Auswahl der Studienteilnehmer wurde darauf geachtet, dass sowohl Vertreter von gemeinnützigen Stiftungen, Familienstiftungen und einer Stiftung & Co. KG in die Befragung einbezogen wurden. Darüber hinaus wurde ein Unternehmer ausgewählt (Befragter 5), der zwar selbst Stifter einer gemeinnützigen Stiftung ist, die aber nicht als Beteiligungsträgerstiftung ausgestaltet ist. Auf Grund seiner langjährigen Erfahrungen mit dem Stiftungswesen wurde er als Experte hinzugezogen. Eine Übersicht über die Befragten ist der nachstehenden Abbildung 3 zu entnehmen.

Bezeichnung	Stiftungsart	Position	Besondere Merkmale
Befragter 1	Stiftung GmbH (gemeinnützig)	Vorsitzender der Geschäftsführung	Doppelstiftungsmodell, stiftungsverwandte Formen
Befragter 2	Familienstiftung	Stiftungsvorstand	Die Stiftung ist zu 50% an der Komplementär-GmbH einer GmbH & Co. KG beteiligt
Befragter 3	Stiftung & Co. KG	Stiftungsvorstand, Geschäftsführer KG	Die Stiftung hat ausschließlich die Komplementärfunktion
Befragter 4	Familienstiftung	Stiftungsvorstand	Doppelstiftungsmodell
Befragter 5	gemeinnützige Stiftung	Stiftungsvorstand	Experte, die gemeinnützige Stiftung ist keine Beteiligungsträgerstiftung
Befragter 6	Familienstiftung	Stiftungsvorstand	Doppelstiftungsmodell

Abbildung 2: Studienteilnehmer
Quelle: Eigene Darstellung

Wie die Übersicht zeigt, gibt es nicht „die" Beteiligungsträgerstiftung. Bei den Befragten 1, 4 und 6 werden Doppelstiftungsmodelle, also die Kombination einer Familienstiftung mit einer gemeinnützigen Stiftung, angewendet. Diese sind im Kern so ausgestaltet, dass die gemeinnützige Stiftung über einen hohen Kapitalanteil verfügt, nicht jedoch über die Stimmrechte. Die Familienstiftung hingegen verfügt über einen geringen Kapitalanteil, dafür aber über die Stimmrechte.[194] Beim Befragten 1 liegt zudem kein typisches Doppelstiftungsmodell vor,

[194] Vgl. hierzu insbesondere Auwera (2008), S. 51 ff.

da hier mit einer gemeinnützigen GmbH und einer KG, die die Funktion der Familienstiftung erfüllt, andere Rechtsformen als Träger des Unternehmens derart ausgestaltet werden, dass ihre wesentlichen Charakteristika denen einer rechtsfähigen Stiftung entsprechen.[195] Hintergrund dafür ist, dass damit die Stiftungsaufsicht umgangen werden kann. Früher spielten auch steuerrechtliche Gründe eine Rolle.

Beim Befragten 2 ist eine ähnliche Situation vorzufinden wie bei der Konstruktion der Stiftung & Co. KG beim Befragten 3. Hier sind zwei GmbHs Kommanditisten, die die beiden Familienstämme repräsentieren. Gesellschafter dieser GmbHs sind die leiblichen Abkömmlinge der beiden Familienstämme, so dass also mittelbar über die GmbHs nach wie vor Familiengesellschafter vorhanden sind. Die Familienstiftung ist hier als Mitgesellschafter der Komplementär-GmbH eingesetzt (die übrigen 50% verteilen sich zu je 25% auf die beiden Stämme) und soll in dieser Konstellation eine besondere Funktion erfüllen, auf die später eingegangen wird.

4.2 Ergebnisse zum Mehrheiten-Minderheiten-Konflikt

Beim Mehrheiten-Minderheiten-Konflikt ist zunächst festzustellen, dass nur die Befragten 2 und 3 diesen Konflikt als wichtiges Motiv für ihre Stiftung erwähnt haben. Bei den übrigen Befragten war dieser Schnittstellenkonflikt als Motiv nebensächlich.

Da es sich beim Befragten 1 um eine gemeinnützige Stiftung in einem Doppelstiftungsmodell handelt, bei dem die gemeinnützige Stiftung über kein Stimmrecht verfügt, ist auch eine Verlagerung des Konflikts nicht möglich. Da die KG, die hier als Familienstiftung fungiert, über zehn Gesellschafter verfügt, von denen max. eine Person ein Familienmitglied sein darf, ist über diese konkrete Ausgestaltung der Mehrheiten-Minderheiten-Konflikt also gelöst. Zudem bestehen innerhalb dieses Gremiums keine Veto-Rechte. Entsprechendes gilt bei der

[195] Vgl. Pöllath / Richter (2009a), S. 432 ff.

Doppelstiftungslösung des Befragten 4. Auch hier ist eindeutig geregelt, dass Familienmitglieder in den Stiftungsorganen der Familienstiftung und den Unternehmensgremien nicht dominieren dürfen bzw. über keine Vetorechte verfügen. Darüber hinaus ist die Konstruktion so ausgestaltet, dass die Familienstiftung selbst so gut wie keinen Einfluss auf das praktische Geschehen im Unternehmen nehmen darf, so dass die konkrete Ausgestaltung auch hier den Mehrheiten-Minderheiten-Konflikt behebt. Anders ist die Konstruktion des Befragten 6 ausgestaltet. Hier sollen die drei Nachkommen den Stiftungsvorstand stellen. Da die einzelnen Mitglieder des Stiftungsvorstands aber über kein Vetorecht verfügen, werden die Auswirkungen des Konflikts eingedämmt. Ferner werden alle wesentlichen Entscheidungen, unter anderem beispielsweise Änderungen des Gesellschaftsvertrags, durch einen unabhängigen Beirat getroffen, der ebenfalls aus drei Mitgliedern besteht. Diese Ausgestaltung verhindert also Patt-Situationen, der Einfluss der Familie auf das Unternehmen wird aber nicht per se zurückgedrängt, was im Fall des Befragten 6 aber auch nicht erwünscht ist. Der Befragte 3, bei dessen Stiftung & Co. KG nach wie vor Gesellschafter existieren, hat das Problem über einen Beirat gelöst. Die Stimmrechte der Kommanditisten wurden in den Beirat delegiert, so dass den Kommanditisten die Möglichkeit genommen wird, auf die Geschäftsführung Einfluss zu nehmen. Innerhalb des Beirats verfügt kein Gremienmitglied über ein Vetorecht und auch Einstimmigkeit ist grundsätzlich nicht vorgesehen. Darüber hinaus ist ebenfalls festgelegt, dass die Mehrheit im Stiftungsrat der Komplementärstiftung immer familienfremd sein muss. Auch hier ist der Konflikt also gelöst. Beim Befragten 2 war der Mehrheiten-Minderheiten-Konflikt bzw. der besondere Fall der Patt-Situation das Hauptmotiv für die Stiftung. „Wenn du dir den Luxus leisten möchtest, eine Firma zu haben, die genau zu gleichen Teilen zwei Stämmen gehört, dann bist du auch verpflichtet, dafür zu sorgen, dass es im Unternehmen immer zu Entscheidungen kommen kann, dass es keinen Stillstand gibt."[196] Die Stiftung hat hier in erster Linie also die Funktion der Patt-Auflösung. Das Modell gestaltet sich wie folgt: Um zu verhindern, dass ein zersplitterter Eigentümerkreis und dadurch möglicher Streit unter den Gesellschaftern direkt auf das Un-

---

[196] Befragter 2.

ternehmen wirken können, wurden zwei GmbHs zwischengeschaltet, deren Gesellschafter die leiblichen Nachkommen der beiden Familienstämme sind. Die Nachkommen der beiden Stämme bestimmen je einen Vertreter, der sowohl den 25%igen Anteil an der Komplementär-GmbH repräsentiert, als auch Vorstandmitglied der Stiftung ist. Die Patt-Situation wird nun dadurch aufgelöst, dass ein familienfremder dritter Vorstand im Falle einer Patt-Situation entscheidet. Sofern also keine Einigung unter den Familienstämmen möglich ist, entscheidet allein der Dritte. Sofern sich die Familienstämme einigen, ist der Dritte entbehrlich.

Als Fazit kann festgehalten werden, dass die Befragten die Ergebnisse aus der theoretischen Untersuchung bestätigen. Während bei einer gemeinnützigen Stiftung der Einfluss schon auf Grund der steuerrechtlichen Bestimmungen begrenzt sein muss, kann der Konflikt also nicht auf eine gemeinnützige Stiftung als Eigentümerin verlagert werden. Bei den Familienstiftungen und der Stiftung & Co. KG zeigt sich hingegen an den konkreten Ausgestaltungen der Stiftungskonstruktionen, dass der Einfluss der Familie in den für Entscheidungen zuständigen Gremien so zurückgedrängt werden muss, dass eine Einflussnahme zu deren Gunsten nicht möglich ist. Ebenso darf kein Vetorecht eingeräumt oder Einstimmigkeit verlangt werden. Eine Ausnahme bildet wie erwähnt die Stiftungslösung des Befragten 6. Hier besteht zwar die Möglichkeit zur Einflussnahme seitens der Familie, die Blockade von Entscheidungen ist aber nicht möglich.

4.3 Ergebnisse zum Konflikt geschäftsführender Gesellschafter – Fremdgeschäftsführer

Abgesehen vom Befragten 3 geben alle übrigen Befragten an, dass dieser Schnittstellenkonflikt nicht wichtig für die Wahl der Stiftung war. Der Befragte 1 erläutert, dass es dem Stifter immer darum gegangen sei, dass nur die Qualifiziertesten auch die Geschäftsführung des Unternehmens übernehmen. Die Konstruktion ist daher so gestaltet, dass im für die Berufung der Geschäftsführung zuständigen Gremium Familienmitglieder nicht in der Mehrheit sein können. Gleiches gilt auch in den Fällen der Befragten 4 und 6 und wird vom Befragten 5 als zentraler Punkt zur Lösung des Konflikts angesehen. Da Familienmitglieder beim Befragten 1 aber sowohl in den Gremien der Stiftung GmbH, der KG und im Aufsichtsrat des Unternehmens vertreten sind – auch wenn es sich dabei maximal um 2 Personen handelt und diese gegenüber familienfremden Gremienmitgliedern in der Minderheit sind – räumt er ein: „Vielleicht hätte ein Familienmitglied einen leichten Vorteil gegenüber einem anderen, wenn es wirklich qualifiziert ist, aber nicht sehr viel, glaube ich.“[197] Der Befragte 3 hat zwar keinen Anforderungskatalog an die potenziellen Vorstände und damit die Geschäftsführer der KG erstellt, weil er nicht vorhersagen könne, in welchen Geschäftsbereichen die Gruppe in der Zukunft tätig sei. Er hat bei dem für die Wahl des Vorstands zuständigen Kuratorium aber ebenfalls dafür gesorgt, dass Familienmitglieder nicht in der Mehrheit sind. Zudem wirkt der ebenfalls von einer familienfremden Mehrheit geprägte Beirat bei der Entscheidung mit. Angesichts der Tatsache, dass in der Beiratssatzung verfasst ist, dass die eigenen Kinder gefördert werden sollen, wenn sie den Nachweis dazu erbringen, könnte auch analog zu der Aussage des Befragten 1 die Gefahr bestehen, dass der Beirat einem Familienmitglied als Vorstand Priorität einräumt, anstatt auf dem Arbeitsmarkt nach eventuell besser qualifizierten Managern zu suchen. Im Blick auf die Zusammenarbeit der Vorstände sieht er mögliche Konflikte: „Gut, das liegt an den Menschen, an der Konstellation. Nur, auch hier hat der Beirat eine Regelfunktion. Wenn das eben nicht funktioniert, muss er einem der beiden eben die Priorität geben, oder er muss beiden sagen: Leute, mit euch geht das eben nicht, weil ihr Neider seid.“[198] Durch den Beirat ist damit die formale Macht eines Vorstands, der gleichzeitig auch Gesellschafter ist, beschränkt. Damit werden die Interessengegensätze zwar nicht behoben, es ist aber von einer handlungsfähigen Geschäftsführung auszugehen. Der Befragte 2 führt aus, dass die Stiftungskonstruktion in seiner Konstellation den Konflikt nicht löst. Zwar soll das Prinzip gelten, dass nur der Qualifizierteste für die Aufgabe in Be-

---

[197] Befragter 1.
[198] Befragter 3.

tracht kommt – das Unternehmen wurde in den vergangenen Jahrzehnten auch fast ausschließlich von Fremdgeschäftsführern geführt – allerdings sind die Familienmitglieder in der für die Wahl der Geschäftsführung zuständigen Komplementär-GmbH in der Mehrheit. Zwar wäre durch die Stammessituation eine Patt-Situation möglich, so dass der familienfremde Dritte entscheidet, aber das grundsätzliche Problem ist dadurch nicht gelöst: „Es gilt, dass die Auswahl nach Qualifikation getroffen werden soll, was natürlich dazu führt, dass dann die Eltern oder Verwandten bei der Entscheidung über die Berufung (...) eigentlich nicht mitwirken dürfen. Aber das ist nirgends festgeschrieben, das fände ich nur korrekt, weil man selber seine Kinder nie so objektiv beurteilen kann."[199] Der Konflikt ist hier also nicht gelöst.

Als Fazit kann festgehalten werden, dass durch die Verhinderung von familiären Mehrheiten in den für die Berufung der Geschäftsführung zuständigen Gremien bei allen Studienteilnehmern – vom Befragten 2 abgesehen – dafür gesorgt werden soll, dass bei der Auswahl der Geschäftsführung ausschließlich nach Qualifikation entschieden wird. Offen bleibt, ob selbst dann Familienmitgliedern der Vorzug gegeben werden könnte, wie es der Befragte 1 geäußert hat, allerdings dürfte nur in seltenen Fällen davon auszugehen sein. Auch der zweite Aspekt ist durch den Einsatz des Beirats im Fall des Befragten 3 insoweit gelöst, als dass eine Kontrollinstanz vorhanden ist, die die formale Macht des Vorstands, der gleichzeitig Gesellschafter ist, begrenzt.

4.4 Ergebnisse zum Konflikt Kontrolle – Freiheit der Geschäftsführung

Die Bedeutung dieses Schnittstellenkonflikts als Motiv für die Stiftung wurde von den Studienteilnehmern – von einer Ausnahme abgesehen – ebenfalls als nicht wichtig beschrieben. Für den Befragten 3 ist er ein wichtiges Motiv, und er hat ihn deshalb bei der konkreten Ausgestaltung seiner Stiftung mit bedacht. In seiner Konstruktion, wie im Übrigen auch bei allen anderen Konstruktionen,

---

[199] Befragter 2.

liegt eine klare personelle Trennung zwischen der Unternehmensführung und den für die Kontrolle zuständigen Gremien vor. Dies empfiehlt auch der Befragte 5. So besteht im Falle der Befragten 3 und 6 ein Beirat, der die Kontrollfunktion für die Gesellschafter wahrnimmt und den Stiftungsvorstand kontrolliert. Im Falle des Befragten 1 übt die KG die Kontrolle über die Geschäftsführung der Unternehmens-GmbH aus, im Falle des Befragten 2 existiert ein Verwaltungsrat, der die Gesellschafter von der Kontrolle entbindet, und im Falle des Befragten 4 ist der professionell besetzte Aufsichtsrat der GmbH zuständig.

Auch hier unterstützen die Ergebnisse der Interviews die theoretischen Ausführungen. Während bei der gemeinnützigen Stiftung gesetzliche Vorschriften den maßgeblichen Einfluss auf die Geschäftsführung und die Personenidentität zwischen Stiftungsvorstand und Unternehmensleitung verhindern, so dass Kontrolle und Unternehmensführung personell voneinander getrennt sind (im Falle des Befragten 1 hat die Stiftung nicht einmal Kontrollbefugnisse), müssen bei der Familienstiftung und der Stiftung & Co. KG entsprechende institutionelle Arrangements über einen Aufsichtsrat bzw. einen Beirat oder Verwaltungsrat geschaffen werden.

4.5 Ergebnisse zum Konflikt Strategie – Tagesgeschäft

„Ein Beirat ist ja nicht nur ein Beirat, um Gesellschafterprobleme zu lösen, sondern wird, wenn man ihn in seiner Aufgabe ernst nimmt, auch strategische Funktionen übernehmen.“[200] Wie beim Befragten 3 erfolgt auch die Strategiefindung der anderen Studienteilnehmer nicht durch die Geschäftsführung allein. Im Falle des Befragten 1 ist die KG daran beteiligt, im Falle des Befragten 2 der Verwaltungsrat, im Falle der Befragten 3 und 6 der Beirat und im Falle des Befragten 4 der Aufsichtsrat der GmbH. Da bei allen Gremien eine klare personelle Trennung zwischen diesen und der Geschäftsführung bestehen, kann also keine vergleichbare Situation wie bei einem geschäftsführenden Gesellschafter entstehen. Im Falle des Befragten 1 wäre dies auch schon rechtlich nicht zuläs-

[200] Befragter 3.

sig. Insofern ist also nicht davon auszugehen, dass bei diesen Konstellationen „einsame“ strategische Entscheidungen eines Einzelnen getroffen werden. Die Gefahr, dass dadurch Trends und Entwicklungschancen am Markt verschlafen werden und damit im schlimmsten Fall die Zukunft des Unternehmens auf dem Spiel steht, ist daher minimiert. Aus diesen Gründen empfiehlt auch der Befragte 5, die Strategiearbeit auf mehrere Schultern zu verteilen, und bei der Strategieentwicklung nach dem Prinzip bottom-up vorzugehen.

Während die Befragten 1 und 3 diesen Konflikt als wichtiges Motiv für die Stiftung sehen, hat der Konflikt als Motiv bei den Befragten 2, 4, 5 und 6 keine Rolle gespielt. Als Erklärung für diese Diskrepanz ist anzuführen, dass aus Sicht des Befragten 1 die Unternehmenskontinuität – das Hauptmotiv des Stifters – nur dann gesichert werden kann, wenn eine effiziente Strategiearbeit gewährleistet ist. Für den Befragten 3 war er Motiv, weil er über seine Stiftung & Co. KG-Konstruktion auch diesen Konflikt lösen wollte.

Als Ergebnis kann also festgehalten werden, dass abgesehen von der gemeinnützigen Stiftung, die im Falle des Befragten 1 sowieso keinerlei Funktionen gegenüber dem Unternehmen wahrnimmt, der Konflikt bei den Familienstiftungen und der Stiftung & Co. KG in den Konstruktionen der Studienteilnehmer durch den Einbezug eines von der Geschäftsführung unabhängigen Gremiums gelöst wird.

4.6 Ergebnisse zum Konflikt Ausschüttung – Thesaurierung

„Jetzt kommt ein interessanter Punkt. (…). Alle die mir davon erzählen sagen, im Endeffekt sind Stiftungen noch schlimmer als uninteressierte Familienaktionäre. (…) Das Selbstverständnis der gemeinnützigen Stiftung ist ja, möglichst hohe Zuflüsse und die möglichst kontinuierlich, also bitte jedes Jahr dieselbe Dividende. (…) Da gibt es jetzt eine Familienstiftung und dahinter die Familiendestinatäre, das ist ein Wegschieben der Familie von dem Unternehmen und eine Legitimation, nur noch pekuniäre Interessen zu verfolgen. Mich interessiert nur die Stiftung, was dahinter steht, mit dem habe ich nichts zu tun. Da sehe ich eigentlich aus Unternehmenssicht eine Verschlimmerung."[201] Ähnlich argumentiert auch der Befragte 2: „Immer, wenn kein Eigentümer da ist, beginnt die Selbstbedienungsmentalität. (...) Mitarbeiter, Betriebsrat, Vorstand. (...) Mahle[202] wird immer als eine der ersten Firmen bestreikt. Dann entsteht damit nicht größere Stabilität, sondern es entsteht eigentlich ein geringerer Schutz gegen Partikularinteressen, die sich dieses Unternehmens bedienen wollen. Der Vorstand gilt als einer der kühlsten, (...) die Arbeitnehmerbank genauso."[203] Während die theoretischen Abhandlungen zu diesem Konflikt zum Ergebnis kamen, dass der Konflikt durch die gemeinnützige Stiftung behoben werden kann, deuten diese zwei Aussagen darauf hin, dass auch die Stiftungsorgane dahingehend ein Eigeninteresse verfolgen könnten, dass sie die Stiftung – und damit letztlich auch sich selbst – als großzügige Förderer des Gemeinwohls präsentieren möchten. Dieses Argument klingt plausibel und findet indirekt in einer Aussage des Befragten 1 auch Bestätigung: „Im letzten Jahr war die Dividende 75 Mio. Euro. Das sind etwa 5 Mio. Euro für die Familie.[204] (...) Damit kann man als Einkünfte aus Kapitalvermögen einigermaßen gut leben, auch wenn daran inzwischen 8 Enkel beteiligt sind. Also da ist auch kein besonderer Druck von Seiten der Familie da, zu sagen, wir müssen jetzt ganz dringend wesentlich mehr bekommen. Die Stiftung ist auch relativ bescheiden, weil sie den Grundsatz mitträgt, dass erst einmal die Entwicklung des Unternehmens die oberste Priorität hat und erst dann wir kommen. (...) Basis dafür ist aber der Erfolg des Unternehmens."[205] In dieser Aussage kommt zum Ausdruck, dass bei einem weitaus weniger erfolgreichen Unternehmen und damit einer geringeren Dividende durchaus die Gefahr besteht, dass Partikularinteressen zum Tragen kommen könnten.

Wie bei der Familienstiftung und der Stiftung & Co. KG im theoretischen Teil als Lösungsmöglichkeiten für den Konflikt beschrieben, greifen die Studienbeteiligten auf Gewinnverwendungsregeln zurück und indem unabhängige Gremien

201 Befragter 5.
202 Es handelt sich um den Stuttgarter Automobilzulieferer Mahle GmbH.
203 Befragter 2.
204 Die Familie hält nach wie vor 7% der Anteile an der Unternehmens-GmbH.
205 Befragter 1.

über die Gewinnverwendung entscheiden. So ist beim Befragten 1 die KG dafür zuständig, beim Befragten 2 der Verwaltungsrat, beim Befragten 3 der Beirat und beim Befragten 4 der Aufsichtsrat der GmbH. In all diesen Gremien sind entweder keine Gesellschafter bzw. Destinatäre vertreten, bzw. wenn, dann ausschließlich in der Minderheit. Eine Ausnahme bildet der Befragte 6. In seinem Fall ist zwar nicht der Beirat für Ausschüttungsfragen zuständig, allerdings existieren klare Gewinnverwendungsregeln, so dass zumindest darüber verhindert werden kann, dass das Wohl des Unternehmens aus dem Blickfeld gerät.

Als Ergebnis bleibt also festzuhalten, dass bei allen Stiftungskonstruktionen Gewinnverwendungsregeln bestehen und von Gesellschaftern bzw. Destinatären unabhängige Gremien über die Gewinnverwendung entscheiden (Letzteres mit Ausnahme vom Befragten 6). Im Vergleich zur gemeinnützigen Stiftung, bei der die theoretische Analyse per se von einer Lösung des Konflikts ausgeht, ist dies aus den Interviews jedoch nicht zu schließen. Mithilfe derselben Lösungsmöglichkeiten wie bei der Familienstiftung kann aber auch hier eine Verlagerung des Konflikts verhindert oder zumindest erschwert werden.

4.7 Ergebnisse zum Konflikt Sicherstellung einer qualifizierten Nachfolge

Die Sicherstellung einer qualifizierten Nachfolge wird von allen Studienteilnehmern als ein wichtiges Motiv für die Stiftung bezeichnet. „Natürlich ist bekannt, dass in Familien alle möglichen Dinge passieren, wenn dann die zweite oder dritte Generation kommt, dann ist es auch ein Glücksfall, wenn da einer auftaucht, der das blendend meistert.“[206] „Wenn sie mal auf viele Eigentümerunternehmen schauen, die ein- oder zweimal vererbt werden, da gibt es ja dann den Spruch: Die erste Generation baut es auf, die zweite erhält's und die Dritte bringt's durch.“[207] Bezüglich des ersten Aspekts des Schnittstellenkonflikts (Geschäftsführung) wird die Stiftung von allen Befragten als Möglichkeit gesehen,

---

206 Befragter 4.
207 Befragter 1.

die Führungsnachfolge unabhängig von der Familie gestalten zu können. Dabei ist nicht ausgeschlossen, dass Familienmitglieder dennoch Führungsfunktionen wahrnehmen können, allerdings besteht nicht die Gefahr, dass unqualifizierte und nicht motivierte Nachfolger quasi in die Geschäftsführerfunktion gedrängt werden. „Als ich die Entscheidung getroffen habe, daraus eine Stiftung zu machen, und dies sowohl in der Familie als auch im Unternehmen verkündet habe, war das eine sehr positive Entwicklung. Denn erstens war meine Familie völlig damit einverstanden und meine drei Kinder haben sich völlig frei entwickelt. Die wussten von vornherein, bei dem Unternehmen wirst du keinen Anteil haben. (...) Das ist schon mal ein Vorteil, wie wenn sie eine normale Nachfolge haben, wo alle drei bis zur letzten Entscheidung meinen, sie können irgendeinen Posten im Unternehmen bekommen."[208] Die Aussagen der Studienteilnehmer decken sich also mit den Ergebnissen der Theorie. Eine Ausnahme ist jedoch zu berücksichtigen: Die konkrete Ausgestaltung der Konstruktion beim Befragten 2 löst diesen Aspekt des Konflikts nicht, da die Familienstiftung nur 50% der Anteile an der Komplementär-GmbH hält. Folgende Aussage des Befragten 2 verdeutlicht dies: „Kinder sollen frei entscheiden, was sie machen wollen. (...) Natürlich würde ich es mittel- und langfristig schon gerne sehen, dass diejenigen Kinder, die aktiv am Wohlergehen des Unternehmens interessiert sind und sich aktiv einbringen wollen, auch in Bezug auf meine Hälfte das Sagen haben. (...) Und derjenige, dessen Interesse woanders ist, und sagt: Papa, zahl mir vorzeitig was aus, dem sage ich: Ja, aber bitte sei dir im Gegenzug klar, dass ich dir am Unternehmen dann keine Anteile übertrage."[209]

Bezüglich des zweiten Aspekts (Wahl/Abberufung der Unternehmensführung) ist auf die Ergebnisse aus Kapitel 4.3 zu verweisen. Es kann also festgehalten werden, dass durch die Verhinderung von familiären Mehrheiten in den für die Berufung der Geschäftsführung zuständigen Gremien bei allen Studienteilnehmern – vom Befragten 2 abgesehen – verhindert werden soll, dass nicht ausschließlich nach Qualifikation entschieden wird. Offen bleibt, ob selbst dann

[208] Befragter 6.
[209] Befragter 2.

Familienmitgliedern der Vorzug gegeben werden könnte, wie es die Befragten 1 und 3 geäußert haben, allerdings dürfte nur in seltenen Fällen davon auszugehen sein.

Bezüglich des dritten Aspekts erläutern die Befragten 1, 4 5 und 6, dass auch die Vermögensnachfolge gesichert sei, da ein Verkauf des Unternehmens nicht mehr in Betracht kommen würde. Besonders treffend brachte dies der Befragte 1 für die Doppelstiftungsmodelle auf den Punkt: „Zunächst einmal ist das Unternehmen nicht zu erwerben. Selbst wenn die Stiftung GmbH das wollte, wird sie kaum einen Käufer finden, der bereit ist, eine Kapitalbeteiligung ohne Einfluss zu erwerben. Und der Anteil der KG wird auch keinen Käufer finden, denn wer wäre bereit, für Einfluss Geld zu bezahlen, wenn er aber nie eine Dividende oder eine Rendite auf sein Investment sehen kann.“[210] Im Falle des Befragten 3 steht der Erhalt als Familienunternehmen an oberster Stelle. Da Familiengesellschafter noch vorhanden sind, wird ein missbräuchlicher Verkauf dadurch verhindert, dass die Komplementärstiftung mehrheitlich mit familienfremden Organmitgliedern besetzt ist und in diese Entscheidung zudem der Beirat eingebunden ist. Ein Verkauf als ultima ratio wird aber – wie im Übrigen auch beim Befragten 6 – nicht explizit ausgeschlossen. Diese Beispiele decken sich also mit der theoretischen Analyse. Eine Ausnahme bildet wieder der Befragte 2. Da auch hier noch Gesellschafter existieren und diese – wenn sie sich einig sind, auch über eine Mehrheit verfügen – kann also ein Verkauf des Unternehmens nicht ausgeschlossen werden. Als Fazit kann also festgehalten werden, dass lediglich beim Befragten 2 keine Lösung dieses Aspekts des Schnittstellenkonflikts vorliegt. Alle anderen Stiftungslösungen sind so ausgestaltet, dass ein missbräuchlicher Verkauf vermieden werden kann.

[210] Befragter 1.

4.8 Ergebnisse zum Konflikt Beteiligung familienfremder Dritter – geschlossene Familiengesellschaft

Alle bis auf einen Befragten stimmen darüber überein, dass die Möglichkeit der Beteiligung familienfremder Dritter – sofern notwendig – möglich sein muss, auch wenn sie den Konflikt, von der Ausnahme des Befragten 3 abgesehen, als Motiv für nicht wichtig erachten.

„Das Problem ist genauso zu lösen, wie mit jeder anderen Konstruktion, dass sie dann fremde Gesellschafter hereinnehmen. Das sind praktische Überlegungen, die das Kuratorium der Familienstiftung jederzeit fällen kann, wenn es nötig ist.“[211] Da Familienmitglieder im Kuratorium in der Minderheit sind, bestätigt diese Aussage die theoretischen Überlegungen zur Verhinderung des Konflikts bei Familienstiftungen. Auch im Falle des Befragten 6 ist die Hereinnahme von familienfremden Gesellschaftern möglich. Der Befragte 5 sieht die Beteiligung von familienfremden Dritten bei einer Stiftungskonstruktion auch deshalb als vereinfacht an, weil mit der Stiftung ein einziger Eigentümer des Unternehmens mit einem Dritten verhandelt. „Es kann sogar sein, dass ein Dritter sagt, ich will nicht mit 16 Tanten reden, sondern poolt euch irgendwie, ich möchte mit einem reden. (…) Da sehe ich schon Vorteile einer Stiftung.“[212]

Auch beim Befragten 3 bestätigt sich die Vermutung der Theorie, die auch der Befragte 5 unterstützt. Da auch die Kommanditisten bei der Aufnahme neuer Kommanditisten mitentscheiden müssen, kann der Konflikt nicht aus der Stiftung & Co. KG herausgehalten werden.

Im Falle der gemeinnützigen Stiftung GmbH des Befragten 1, wäre der Konflikt grundsätzlich auch behoben, da ja die Stiftung GmbH im Falle des Doppelstiftungsmodells selbst keine Stimmrechte hat, sondern von der Entscheidung der KG abhängt, die mehrheitlich von familienfremden Mitgliedern dominiert wird.

---

[211] Befragter 4.
[212] Befragter 5.

Damit wäre die Theorie bestätigt. In dieser Konstruktion ist aber die Aufnahme Dritter explizit ausgeschlossen worden. „Aber was auf jeden Fall nicht geht, in der Konstruktion nie zugelassen würde, wäre, dass ein irgendwie gearteter Dritter einen Anteil erwirbt.“[213] Damit ist der Konflikt in diesem spezifischen Fall nicht gelöst, weil es vom Stifter so gewollt bzw. den Testamentsvollstreckern so umgesetzt wurde. Nicht gelöst wird der Konflikt auch beim Befragten 2, da hier nach wie vor Gesellschafter vorhanden sind und die Stiftung ja nur 50% der Anteile an der Komplementär-GmbH hält. Zwar ist hier auch nicht grundsätzlich ausgeschlossen, dass familienfremde Dritte an der Gesellschaft beteiligt werden können, allerdings war heraus zu hören, dass der Befragte 2 dem nicht wirklich offen gegenüber steht.

Als Fazit bleibt von der Ausnahme der konkreten Ausgestaltung des Falles des Befragten 1 und des Befragten 2 also festzuhalten, dass sich die Ergebnisse mit der Theorie decken.

4.9 Ergebnisse zum Konflikt Kündigung – Ausschließung – Abfindung

Dieser Schnittstellenkonflikt wird von zwei Befragten als wichtiges Motiv für die Stiftung benannt, von vieren als nicht wichtiges Motiv. Im Fall der Befragten 4 und 6 bestätigt sich die Vermutung aus der Theorie. Der Konflikt ist gelöst, eine Verlagerung in die Familienstiftung ist nicht möglich. Da sowohl im Falle der Befragten 1, 2 und 3 noch Gesellschafter vorhanden sind (im Falle des Befragten 1 hält die Familie noch 7% der Anteile an der Unternehmens-GmbH), sind Kündigungen grundsätzlich nicht ausgeschlossen. In allen Fällen sind hierfür Vorkaufsrechte durch Mitgesellschafter und darüber hinaus Ratenzahlungsklauseln im Gesellschaftsvertrag vorgesehen. Aus diesen Gründen können zwar die Folgen einer Kündigung abgemildert werden, der Konflikt kann aber durch eine Stiftung nicht per se behoben werden.

---

213 Befragter 1.

4.10 Fazit

Sieht man einmal von dem besonderen Fall der Stiftungskonstruktion des Befragten 2 ab, die so nicht in der theoretischen Abhandlung des Kapitels 3 berücksichtigt wurde, kann festgehalten werden, dass die Ergebnisse der Theorie von einzelnen Sonderfällen abgesehen sich weitgehend mit den Ergebnissen der Interviews decken und die theoretischen Überlegungen bestätigen. Lediglich in zwei Bereichen sind Unterschiede deutlich geworden. So könnte in Betracht kommen, dass die Auswahl der Geschäftsführung selbst dann nicht nach Qualifikationsgesichtspunkten erfolgt, wenn die Mehrheit der Mitglieder in dem zur Wahl berufenen Gremium keine Familienmitglieder sind. Von einem solchen Fall wird aber im Regelfall nicht auszugehen sein, da kein erkennbares Interesse der Gremienmitglieder an einer solchen Entscheidung festzustellen ist. Denkbar ist hingegen der Fall, dass der Schnittstellenkonflikt Ausschüttung – Thesaurierung in die gemeinnützige Stiftung verlagert wird, da die Organmitglieder der gemeinnützigen Stiftung durchaus das Interesse haben können, die Stiftung und sich als großzügige Förderer des Allgemeinwohls zu präsentieren. Die Verlagerung des Konflikts kann in diesem Fall mit denselben Instrumentarien wie bei der Familienstiftung behoben werden.

Darüber hinaus ist festzuhalten, dass bei der Auswertung der Interviews keine weiteren Schnittstellenkonflikte identifiziert werden konnten.

5 Schlussbetrachtung

Zielsetzung dieser Diplomarbeit ist es, eine Antwort auf die Frage zu finden, ob mit der unternehmensverbundenen Stiftung bestimmte für Familienunternehmen typische Konflikte, die im Schnittfeld zwischen Familie, Unternehmen und Gesellschaftern bestehen, beseitigt werden können oder ob diese unverändert, verstärkt, abgeschwächt oder in veränderter Form weiter bestehen. Abbildung 3 fasst die Ergebnisse zusammen.

Ergebnisse: Lösung, Verlagerung mit Lösungsmöglichkeit oder keine Lösung der Schnittstellenkonflikte				
		Stiftungsart		
Schnittstellenkonflikt	Aspekte	gemeinnützige Stiftung	Familienstiftung	Stiftung & Co. KG
Mehrheiten - Minderheiten	---	+	o	o
Geschäftsführender Gesellschafter - Fremdgeschäftsführer	Auswahl nach Qualifikation	o	o	o
	Zusammenarbeit zwischen beiden	+	o	o
Kontrolle - Freiheit der Geschäftsführung	---	+	o	o
Strategie - Tagesgeschäft	---	+	o	o
Ausschüttung - Thesaurierung	---	o	o	o
Sicherstellung einer qualifizierten Nachfolge	Der zur Geschäftsführung berufene Personenkreis	+	+	+
	Der für die Wahl / Abberufung der Unternehmensführung zuständige Personenkreis	o	o	o
	Sicherung der Vermögensnachfolge	+	o	o
Beteiligung familienfremder Dritter - geschlossene Gesellschaft	---	+	o	–
Kündigung - Ausschließung - Abfindung	---	+	+	–

Legende	
+	Lösung des Schnittstellenkonflikts
o	Verlagerung des Schnittstellenkonflikts, Lösung aber möglich
–	Keine Lösung des Schnittstellenkonflikts

Abbildung 3: Lösung, Verlagerung mit Lösungsmöglichkeit oder keine Lösung der Schnittstellenkonflikte
Quelle: Eigene Darstellung

Nach der theoretischen Auseinandersetzung mit dieser Thematik und der Auswertung von fünf Interviews kann festgehalten werden, dass die gemeinnützige Stiftung alle Schnittstellenkonflikte löst, mit Ausnahme des Konflikts Ausschüttung – Thesaurierung und des Aspekts der Qualifikation beim Konflikt Geschäftsführender Gesellschafter – Fremdgeschäftsführer, sowie der Frage der Qualifikation des für die Wahl/Abberufung der Unternehmensführung zuständigen Personenkreises. In diesen drei Fällen werden die Konflikte durch die gemeinnützige Stiftung nicht per se gelöst, sie können aber durch eine entsprechende Ausgestaltung, auf die weiter unten eingegangen wird, behoben werden. Dass die übrigen Konflikte gelöst werden können, hängt mit dem weit gefassten Kreis der Destinatäre zusammen und mit den steuerrechtlichen Anforderungen, die an die Stiftung bei der Beteiligung an einem Unternehmen gestellt werden. So ist nicht davon auszugehen, dass aus dem Kreis der potenziellen Destinatäre Forderungen gegenüber der Stiftung geltend gemacht werden. Auch die Stiftungsorgane kommen in aller Regel selbst nicht als Destinatäre in Betracht. Es besteht also nicht die Gefahr, dass diese aus Eigeninteresse handeln. Der bei einer Beteiligung an einem Unternehmen nicht zulässige maßgebliche Einfluss führt zu einer personellen Trennung zwischen der Unternehmensleitung und dem Stiftungsvorstand als „Eigentümer“ des Unternehmens.

Im Vergleich zur gemeinnützigen Stiftung können bei der Stiftung & Co. KG zwei Konflikte (Beteiligung familienfremder Dritter – geschlossene Gesellschaft sowie Kündigung – Ausschließung – Abfindung) generell nicht behoben werden. Dafür ist der Aspekt des zur Geschäftsführung berufenen Personenkreises beim Konflikt der Sicherstellung einer qualifizierten Nachfolge gelöst. Dies gilt auch für die Familienstiftung, die darüber hinaus auch den Konflikt Kündigung – Ausschließung – Abfindung behebt.

Alle weiteren Konflikte können die Familienstiftung und die Stiftung & Co. KG nicht per se lösen, da die Möglichkeit besteht, dass diese in die Stiftung verlagert werden. Da der Destinatärskreis der Familienstiftung eine oder mehrere

Familien umfasst und diese an den Erträgen der Stiftung zumindest potenziell partizipieren können, werden die Begünstigten ihre Interessen gegenüber der Stiftung vertreten. Bei der Stiftung & Co. KG existieren darüber hinaus auch Familiengesellschafter. Da hier ein maßgeblicher Einfluss auf das Unternehmen zulässig ist, hängt es von der konkreten Ausgestaltung der Stiftungskonstruktion ab, ob die Schnittstellenkonflikte behoben werden können. Betrachtet man die Ergebnisse des Theorieteils und der Interviews kann man zusammenfassend sagen, dass eine Verlagerung dann verhindert werden kann, wenn die Stiftungskonstruktion so aufgebaut ist, dass eine klare personelle Trennung zwischen der Ausübung der Gesellschafterrechte, der Kontrolle der Unternehmensführung und der Unternehmensführung selbst vorliegt. Darüber hinaus ist darauf zu achten – und das gilt auch für die drei Konflikte bzw. Aspekte von Konflikten, die die gemeinnützige Stiftung nicht per se lösen kann – dass diejenigen Familienmitglieder, Destinatäre oder Stiftungsorgane, die ein Eigeninteresse verfolgen könnten, in den für die Entscheidungen zuständigen Gremien entweder nicht zugelassen sind oder zumindest in der Minderheit sind, so dass die Bildung einer Mehrheit zu ihren Gunsten ausgeschlossen ist. Es ist aber anzunehmen, dass der Stifter Familienmitgliedern im Regelfall keine so dominante Stellung in den Stiftungsorganen bzw. Gremien des Unternehmens einräumen wird, da der Familieneinfluss bei einer Stiftungslösung ja gerade minimiert werden soll. Wie solche Lösungen konkret ausgestaltet sein können, kann den Interviews in Kapitel 4 entnommen werden.

Angesichts der Tatsache, dass bei der Familienstiftung und der Stiftung & Co. KG fast alle Konfliktpotenziale erst durch eine entsprechende Ausgestaltung der Stiftungskonstruktion behoben werden können und dabei – wie die Interviews gezeigt haben – auch auf Institutionen wie den Beirat zurückgegriffen wird, stellt sich in Anlehnung an den Titel dieser Arbeit die Frage, ob die Stiftung ein sinnvoller Ansatz zur Lösung der Konflikte darstellt. Wie die Ergebnisse der Interviews nahelegen, spielten bei allen Befragten als Motiv für die Stiftung nur zwei Schnittstellenkonflikte eine wichtige Rolle: Die Sicherstellung einer qualifizierten Nachfolge und die Sicherung der Unternehmenskontinuität. Wie die theoretische Analyse und die Interviews bestätigten und darüber hinaus auch bereits in Kapitel 1.1.2 erwähnt wurde, kann die eigentümerlose Stiftung genau diese beiden Zielsetzungen erreichen, indem mangels Eigentümern eine Zersplitterung der Anteile im Erbgang, der Verkauf des gesamten Unternehmens durch Anteilseigner[214] oder auch die Kündigung einzelner Gesellschafter verhindert wird. Auch die typischen Nachfolgekonflikte zwischen der Eltern- und Kindergeneration bezüglich der Nachfolge in der Geschäftsführung werden nicht mehr auftreten. Bei der Stiftung & Co. KG wird zumindest auch letzterer Konflikt verhindert. Stiftungslösungen sollten also insbesondere dann in Betracht kommen, wenn entweder keine potenziellen Nachfolger vorhanden sind oder wenn nur weniger interessierte und motivierte sowie nicht ausreichend qualifizierte Nachfolger in Betracht kämen. Wie bei der Ableitung der Schnittstellenkonflikte in Kapitel 2 beschrieben, werden die meisten Schnittstellenkonflikte bei den Typen „The Growing and Evolving Family Business“ (Das wachsende und sich entwickelnde Familienunternehmen) sowie „The Complex Family Enterprise“ (Das komplexe Familienunternehmen) bzw. „(Stammes-)Familienunternehmen“ und „Fremdgeführtes Familienunternehmen“ auftreten. Die Stiftungslösung sollte daher insbesondere von Familienunternehmen des Typus „Founders and the Entrepreneurial Experience“ (Gründer und die Gründungserfahrungen) bzw. „Einzelunternehmer“ in Erwägung gezogen werden, sofern die beiden oben genannten Motive eine zentrale Rolle spielen. In einem solchen Fall kann die jeweilige Stiftungskonstruktion dann so ausgestaltet werden, dass die anderen Konflikte über die Stiftungslösung ebenfalls für die Zukunft behoben werden. In diesem Stadium des Familienunternehmens dürfte die Umsetzung einer Stiftungslösung, die der Zustimmung aller Gesellschafter bedarf, auch noch verhältnismäßig einfach gelingen.

---

[214] Es ist einschränkend zu erwähnen, dass sowohl bei der Familienstiftung als auch bei der Stiftung & Co. KG ein Verkauf des Unternehmens nicht per se durch die Stiftung ausgeschlossen ist. Eine Verlagerung kann aber durch entsprechende Regelungen verhindert werden, wie dies auch bei allen Befragten der Fall war. Vgl. hierzu Kapitel 3.7.2, 3.7.3 sowie 4.7.

Spielen diese Motivationen jedoch keine vorrangige Rolle, stellt sich die Frage, ob eine so weitreichende Entscheidung wie die eigentumsrechtliche Trennung von Unternehmen und Familie zielführend ist, zumal die verbleibenden Schnittstellenkonflikte auch außerhalb einer Stiftungslösung gelöst werden können. Darüber hinaus kann auch eine Stiftungskonstruktion nicht garantieren, dass die Stiftungsorgane bzw. die von diesen eingesetzten Manager „gute" Unternehmer-Nachfolger sein werden, aber sie kann die Wahrscheinlichkeit bei einer entsprechenden Besetzung der Stiftungsorgane zumindest erhöhen.

Die Stiftung als Option sollte daher in jedem einzelnen Fall sehr genau bedacht werden, da die meisten Konflikte auch über andere Konstruktionen, die keine eigentumsrechtliche Trennung von Familie und Unternehmen vorsehen, gelöst werden können. Insbesondere, wenn die Nachfolge schwierig ist und die Sorge besteht, die Unternehmenskontinuität als Familiengesellschaft nicht erhalten zu können, sollte die Stiftung in Erwägung gezogen werden.

Unabhängig von den Schnittstellenkonflikten können weitere Motive des Stifters ausschlaggebend sein. So kann über die Stiftung & Co. KG die Mitbestimmungspflicht vermieden werden. Ein anderes Motiv wäre, dass sich der Stifter bewusst für die eigentumsrechtliche Trennung von Familie und Unternehmen entscheidet, seine Familie aber nach wie vor wirtschaftlich absichern will. Darüber hinaus kommt als Motiv in Betracht, dass der Stifter die Gemeinschaft an dem erwirtschaften Unternehmensgewinn teilhaben lassen möchte und deshalb eine gemeinnützige Stiftung als Beteiligungsträgerstiftung ins Leben ruft.

Anhang

Interviewleitfaden

KAPITEL 1: Einstieg

- Begrüßung und Vorstellung des Interviewers
- Frage nach Erlaubnis, das Interview aufzeichnen zu dürfen
- Anonymitätshinweis, Aufzeichnungen werden anonymisiert, Rückschlüsse auf den Interviewten sind damit nicht möglich
- Kurzvorstellung des Inhalts der Diplomarbeit
- Vorgehen beim Interview
- Vorstellung des Interviewten

KAPITEL 2: Hintergründe und Motive

- Vorstellung der Stiftungslösung des Interviewten
    - Individuell zusammen gestellte Fragen zu der konkreten Ausgestaltung der Stiftungskonstruktion des Befragten
- Motive für die Stiftung:
    - Es ist ja so, dass die Stiftung zur Lösung ganz bestimmter Probleme eingesetzt wird.
    - Wie würden Sie die Probleme/Konflikte beschreiben, die über Ihre Stiftung gelöst werden sollen?
    - Was hat Ihre konkrete Stiftungslösung in Bezug auf das Problem/den Konflikt bewirkt?
    - Auf einer Skala von 0-5, wie wichtig war das Problem/der angesprochene Konflikt als Motiv für die Stiftung?

- Welche weiteren Motive für die Stiftung gab es? Wie würden Sie weitere Probleme/Konflikte beschreiben, die über die Stiftung gelöst werden sollten?
- Was hat Ihre konkrete Stiftungslösung in Bezug auf das Problem/den Konflikt bewirkt?
- Auf einer Skala von 0-5, wie wichtig war das Problem/der angesprochene Konflikt als Motiv für die Stiftung?

KAPITEL 3: Weitere, unter Kapitel 2 nicht angesprochene Schnittstellenkonflikte:

- Schnittstellenkonflikt A
  - Kurzbeschreibung des Konflikts
  - Auch hier wäre wieder die Frage: Auf einer Skala von 0-5, wie ausschlaggebend waren die Probleme/die Konflikte als Motiv für Ihre Stiftung?
- **Alternative 1** (wenn das Problem/der Konflikt als Motiv für die Stiftung ***wichtig*** war): Warum war die Stiftung zur Lösung dieses Problems sehr wichtig / wichtig / eher wichtig?
- **Alternative 2** (wenn das Problem/der Konflikt als Motiv für die Stiftung ***unwichtig*** war): Warum war die Stiftung zur Lösung dieses Problems eher unwichtig / unwichtig / sehr unwichtig?
- **Folgefrage Alternative 1:** Was hat Ihre konkrete Stiftungslösung in Bezug auf das Problem/den Konflikt bewirkt?
- **Folgefrage Alternative 2:** Auch wenn dieser Schnittstellenkonflikt für Sie kein Motiv für die Stiftung war: Was kann die Familienstiftung aus Ihrer Sicht in Bezug auf das Problem/den Konflikt bewirken?

KAPITEL 4: Weitere Fragen:

- Was sehen Sie als die besonderen Vorteile der Stiftungslösung, die sie gewählt haben im Vergleich zu anderen Stiftungen und was sehen sie als die besonderen Nachteile?
- Gibt es noch Fragen, die ich aus Ihrer Sicht nicht gestellt habe, die sie aber eigentlich erwartet hätten?

KAPITEL 5: Abschluss:

- Dank für das Vertrauen und die Offenheit!

Literaturverzeichnis

Auwera, Verena van der (2008):

Die Doppelstiftung – eine Möglichkeit der Unternehmensnachfolge für Familienunternehmen, 1. Auflage, Herbolzheim

Baus, Kirsten (2007):

Die Familienstrategie – Wie Familien ihr Unternehmen über Generationen sichern, 2. Auflage, Wiesbaden

Beckhard, Richard / **Dyer**, W. Gibb Jr (1983):

Managing continuity in the family-owned business, in: Organizational Dynamics, Volume 12, Issue 1, S. 5 - 12

Berndt, Hans / **Götz**, Hellmut (2009):

Stiftung und Unternehmen: Zivilrecht, Steuerrecht, Gemeinnützigkeit, 8. Auflage, Herne

Binz, Mark / **Sorg**, Martin (2003):

Die GmbH & Co. KG, 9. Auflage, München

Bundesverband Deutscher Stiftungen (Hrsg.) (2008):

Verzeichnis Deutscher Stiftungen, Band 1: Zahlen, Daten, Fakten zum deutschen Stiftungswesen, 6. Auflage, Berlin

Campenhausen, Axel von (2009):

Abgrenzung, in: Seifart, Werner / von Campenhausen, Axel (Hrsg.), Stiftungsrechts-Handbuch, S. 1 - 16

Donnelley, Robert G. (1964):
The Family Business, in: Harvard Business Review, Volume 4, Issue 2, S. 93 - 105

Fabis, Felix Georg (2007):
Gesellschafterkonflikte in Familienunternehmen, Vermeidungs- und Lösungsstrategien auf gesellschaftsvertraglicher und individualvertraglicher Ebene, 1. Auflage, Berlin

Flämig, Christian (1978):
Unternehmensnachfolge mittels stiftungshafter Gebilde, in: Der Betrieb, Heft 45, Beilage Nr. 22, S. 1 - 12

Fleschutz, Karin (2008):
Die Stiftung als Nachfolgeinstrument für Familienunternehmen, Handlungsempfehlungen für die Ausgestaltung und Überführung, 1. Auflage, Wiesbaden

Froning, Christoph (2005):
Die Stiftung, in: Sudhoff, Heinrich (Hrsg.), Unternehmensnachfolge, 5. Auflage, München, S. 607 - 618

Gersick, Kelin / **Davis**, John / **McCollom Hampton**, Marion / **Lansberg**, Ivan (1997):
Generation to Generation – Life Cycles of the Family Business, 1. Auflage, Boston

Habbershon, Timothy G. / **Astrachan**, Joseph H. (1997):
Perceptions Are Reality: How Family Meetings Lead to Collective Action, in: Family Business Review, Volume 10, Issue 1, S. 37 - 52

Habig, Helmut / **Berninghaus**, Jochen (2004):
Die Nachfolge im Familienunternehmen ganzheitlich regeln, 2. Auflage, Berlin

Hahn, Dietger / **Hungenberg**, Harald / **Cordes**, Eckard (2001):
Planung und Kontrolle, 6. Auflage, Wiesbaden

Hennerkes, Brun-Hagen (1998a):
Der ganzheitliche Ansatz als Lösungsmodell, in: Sobansik, Holger / Gutmann, Joachim (Hrsg.), Erfolgreiche Unternehmensnachfolge: Konzepte – Erfahrungen – Perspektiven, 1. Auflage, Wiesbaden, S. 29 - 36

Hennerkes, Brun-Hagen (1998b):
Familienunternehmen sichern und optimieren, 1. Auflage, Frankfurt am Main

Hennerkes, Brun-Hagen (2005):
Die Familie und ihr Unternehmen – Strategie, Liquidität, Kontrolle, 2. Auflage, Frankfurt am Main

Hennerkes, Brun-Hagen / **Binz**, Mark / **Sorg**, Martin (1986a):
Die Stiftung als Rechtsform für Familienunternehmen (I), in: Der Betrieb, Heft 43, S. 2217 - 2221

Hennerkes, Brun-Hagen / **Binz**, Mark / **Sorg**, Martin (1986b):
Die Stiftung als Rechtsform für Familienunternehmen (II), in: Der Betrieb, Heft 44, S. 2269 - 2274

Hennerkes, Brun-Hagen / **Kirchdörfer**, Rainer (1998):
Mängel in Gesellschaftsverträgen von Familienunternehmen, in: dieselben (Hrsg.), Unternehmenshandbuch Familiengesellschaften, 2. Auflage, Köln, S. 63 - 110

Herrmann, Markus (1997):
Unternehmenskontrolle durch Stiftungen, Untersuchung der Performancewirkungen, 1. Auflage, Wiesbaden

Höfner-Byok, Petra (1996):
Die Stiftung & Co. KG, 1. Auflage, Frankfurt am Main

Hof, Hagen (2009):
Stiftungsorganisation, in: Seifart, Werner / von Campenhausen, Axel (Hrsg.), Stiftungsrechts-Handbuch, S. 207 - 259

Institut für Mittelstandforschung IfM Bonn (2009) (Hrsg.),
Schätzungen der Unternehmensübertragungen, http://www.ifm-bonn.org/index.php?id=111, Abruf am 7. März 2010, 13:20 Uhr.

Kirchdörfer, Rainer / **Kögel**, Rainer (2000):
Corporate Governance und Familienunternehmen – Die Kontrolle des Managements durch Eigner und Aufsichtsorgane, in : Jeschke, Dieter / derselbe / Lorz, Rainer (Hrsg.), Planung, Finanzierung und Kontrolle im Familienunternehmen, 1. Auflage, München, S. 221 - 244

Kirchdörfer, Rainer / **Lorz**, Rainer (2004):
Familienvermögensgesellschaften als Organisationsmodelle im Rahmen der Familienstrategie und der Planung der Vermögensnachfolge, in: Der Betrieb, Heft 21, Beilage Nr. 3, S. 1 - 12

Klein, Sabine (2004):
Familienunternehmen: theoretische und empirische Grundlagen, 2. Auflage, Wiesbaden

Lange, Knut Werner (2009):
Der Beirat als Element der Corporate Governance in Familienunternehmen, in: Schlippe, Arist von / Rüsen, Tom / Groth, Torsten (Hrsg.), Beiträge zur Theorie des Familienunternehmens, 1. Auflage, Lohmar, S. 243 - 267

May, Peter (1998):
Der Beirat im Familienunternehmen – Wie gut kann er werden? Wie kann er gut werden? –, in: Hennerkes, Brun-Hagen / Kirchdörfer, Rainer (Hrsg.), Unternehmenshandbuch Familiengesellschaften, 2. Auflage, Köln, S. 359 - 374

Mayring, Philipp (1999):
Einführung in die qualitative Sozialforschung – eine Anleitung zu qualitativem Denken, 4. Auflage, Weinheim

Mayring, Philipp (2008):
Qualitative Inhaltsanalyse – Grundlagen und Techniken, 10. Auflage, Weinheim

Mertens, Raphael (2004):
Effiziente Gestaltung der familienexternen Unternehmensnachfolge: Fremdmanagement, Stiftung, MBO/MBI, 1. Auflage, Hamburg

Pöllath, Reinhard / Richter, Andreas (2009a):
Unternehmensstiftung, in: Seifart, Werner / von Campenhausen, Axel (Hrsg.), Stiftungsrechts-Handbuch, S. 411 - 452

Pöllath, Reinhard / **Richter**, Andreas (2009b):
Familienstiftung, in: Seifart, Werner / von Campenhausen, Axel (Hrsg.), Stiftungsrechts-Handbuch, S. 453 - 501

Pöllath, Reinhard / **Richter**, Andreas (2009c):
Gemeinnützige, mildtätige und kirchliche Stiftungen, in: Seifart / von Campenhausen (Hrsg.), Stiftungsrechts-Handbuch, S. 902 - 994

Raiser, Thomas / **Veil**, Rüdiger (2010):
Recht der Kapitalgesellschaften, 5. Auflage, München

Richter, Rudolf / **Furubotn**, Eirik (2003):
Neue Institutionenökonomik, 3. Auflage, Tübingen

Schiffer, K. Jan (2009):
Die Stiftung in der Beraterpraxis, 2. Auflage, Bonn

Schlippe, Arist von (2009):
Bewusst mit Risiken umgehen – Paradoxiemanagement in Familienunternehmen, in: Schlippe, Arist von / Rüsen, Tom / Groth, Torsten (Hrsg.), Familienunternehmen – Exploration einer Unternehmensform, 1. Auflage, Lohmar, S. 47 - 71

Schlippe, Arist von / **Kellermanns**, Franz W. (2009):
Emotionale Konflikte in Familienunternehmen, in: Schlippe, Arist von / Rüsen, Tom / Groth, Torsten (Hrsg.): Beiträge zur Theorie des Familienunternehmens, 1. Auflage, Lohmar, S. 175 - 202

Schlippe, Arist von / **Nischak**, Almute / **El Hachimi**, Mohammed (2008):
Familienunternehmen verstehen, in: dieselben (Hrsg.), Familienunternehmen verstehen – Gründer, Gesellschafter und Generationen, 1. Auflage, Göttingen, S. 3 - 20

Schön, Bärbel / **Hurrelmann**, Klaus (1979):
Schulalltag und Empirie – neuere Ansätze in der schulischen und beruflichen Sozialforschung, 1. Auflage, Weinheim

Sharma, Pramodita (2004):
An Overview of the Field of Family Business Studies: Current Status and Directions for the Future, in: Family Business Review, Volume 17, Issue 1, S. 1 - 36

Simon, Fritz B. (2005):
Gerechtigkeit, Richtigkeit und Rechtmäßigkeit, Entscheidungsfindung in Familienunternehmen, in: Simon, Fritz B. (Hrsg.), Die Familie des Familienunternehmens, ein System zwischen Gefühl und Geschäft, 2. Auflage, Heidelberg, S. 56 - 71

Simon, Fritz B. / **Wimmer**, Rudolf / **Groth**, Torsten (2005):
Mehr-Generationen-Familienunternehmen, Erfolgsgeheimnisse von Oetker, Merck, Haniel, u.a., 1. Auflage, Heidelberg

Stickrodt, Georg (1959):

Stiftungsunternehmen – Gründermotive und Wege der Gestaltung, in: Tradition, Zeitschrift für Firmengeschichte und Unternehmerbiographie, Heft 1, S. 23 - 44

Stiftung Familienunternehmen (Hrsg.) (2009):

Die volkswirtschaftliche Bedeutung der Familienunternehmen, 1. Auflage, München

Strachwitz, Rupert Graf (2003):

Die Zukunft des Stiftungswesens – Anmerkungen aus sozialwissenschaftlicher Sicht, in: Zeitschrift zum Stiftungswesen, Heft 7, S. 197 - 201

Tagiuri, Renato / **Davis**, John (1996):

Bivalent attributes of the family firm, in: Family Business Review, Volume 9, Issue 2, S. 199 - 208

Timmer, Carsten (2005):

Stiften in Deutschland, die Ergebnisse der StifterStudie, 1. Auflage, Gütersloh

Wälzholz, Eckhard (2005a):

Führung und Kontrolle, in: Sudhoff, Heinrich (Hrsg.), Familienunternehmen, 2. Auflage, München, S. 275 - 332

Wälzholz, Eckhard (2005b):

Vorsorge für den Fall des (streitigen) Ausscheidens von Gesellschaftern, in: Sudhoff, Heinrich (Hrsg.), Familienunternehmen, 2. Auflage, München, S. 333 - 352

Werthern, Hans Carl von (1986):
Unternehmensverfassungsrecht und Stiftung, ordnungspolitische Gesichtspunkte einer Neuregelegung unter besonderer Berücksichtigung des Stiftungsunternehmens, 1. Auflage, Baden-Baden

Wiechers, Ralph (2006):
Familienmanagement zwischen Unternehmen und Familien – Zur Handhabung typischer Eigenarten von Unternehmensfamilien und Familienunternehmen, 1. Auflage, Heidelberg

Wiedemann, Andreas / **Kögel**, Rainer (2008):
Beirat und Aufsichtsrat in Familienunternehmen, 1. Auflage, München

Wimmer, Rudolf / **Domayer**, Ernst / **Oswald**, Margit / **Vater**, Gudrun (2005):
Familienunternehmen – Auslaufmodell oder Erfolgstyp?, 2. Auflage, Wiesbaden

Wimmer, Rudolf / **Nagel**, Reinhart (2006):
Systemische Strategieentwicklung: Modelle und Instrumente für Berater und Entscheider, 3. Auflage, Stuttgart

Wimmer, Rudolf / **Gebauer**, Anette (2009):
Nachfolge in Familienunternehmen, in: Schlippe, Arist von / Rüsen, Tom / Groth, Torsten (Hrsg.): Beiträge zur Theorie des Familienunternehmens, 1. Auflage, Lohmar, S. 49 - 69

Winkler, Christian (2005):
Das Unternehmen im Spannungsfeld der Familie, in: Sudhoff, Heinrich (Hrsg.), Familienunternehmen, 2. Auflage, München, S. 84 - 89